普通高等教育"十二五"创新型规划教材

单片机应用技术

主　编　额尔和木图
副主编　陈玉峰
参　编　王亚军　李金虎　特木尔其鲁

北京理工大学出版社
BEIJING INSTITUTE OF TECHNOLOGY PRESS

内 容 简 介

本书以 MCS-51 系列单片机为主线，全面而详实地论述了单片机系统的结构、原理和应用。本书编写力求理论与实际相结合，以理论学习为基础，以实际应用为目的。全书结构紧凑、章节编排合理，具有一定的通用性、系统性和实用性，内容深入浅出，丰富实用。全书共 9 章，第 1 章讲述单片机的基础知识；第 2 章讲述单片机的组成与工作原理；第 3 章讲述单片机的指令系统；第 4 章讲述汇编语言程序设计；第 5 章讲述单片机的中断系统及定时器/计数器；第 6 章讲述单片机的串行通信及应用；第 7 章讲述单片机系统扩展技术；第 8 章讲述单片机的 A/D 和 D/A 接口技术；第 9 章讲述单片机应用系统设计实例。

本书可作为高等院校电子信息、计算机类、自动化类、机电类学生的教材和广大科技工作者的参考书。

版权专有　侵权必究

图书在版编目（CIP）数据

单片机应用技术 / 额尔和木图主编. —北京：北京理工大学出版社，2013.1（2016.12 重印）
　ISBN 978-7-5640-7215-5

　Ⅰ.①单…　Ⅱ.①额…　Ⅲ.①单片微型计算机　Ⅳ.①TP368.1

中国版本图书馆 CIP 数据核字（2013）第 004260 号

出版发行 / 北京理工大学出版社	
社　　址 / 北京市海淀区中关村南大街 5 号	
邮　　编 / 100081	
电　　话 /（010）68914775（办公室）　68944990（批销中心）　68911084（读者服务部）	
网　　址 / http://www.bitpress.com.cn	
经　　销 / 全国各地新华书店	
印　　刷 / 北京九州迅驰传媒文化有限公司	
开　　本 / 710 毫米 × 1000 毫米　1/16	
印　　张 / 17.5	责任编辑 / 张慧峰
字　　数 / 322 千字	责任校对 / 陈玉梅
版　　次 / 2013 年 1 月第 1 版　2016 年 12 月第 5 次印刷	责任印制 / 王美丽
定　　价 / 46.00 元	

图书出现印装质量问题，本社负责调换

前　言

单片微型计算机简称单片机，也称微控制器，是微型计算机的一个重要分支。它将 CPU、ROM、RAM、I/O 接口、定时器/计数器等计算机的主要部件集成到一个大规模集成电路芯片中，具有体积小、成本低、集成度高、功能强、性能稳定、控制灵活等诸多优点，因而在计算机外围设备、网络设备、通信、智能仪表、过程控制、航空航天、家用电器乃至智能玩具等领域获得了日益广泛的应用。

在国内，单片机已然成为新产品设计和旧技术改造的首选，许多相关领域的技术人员都渴望能迅速迈进单片机应用和开发的大门。目前，在实际设计应用中使用的单片机类型很多，不同的单片机在整体结构和指令系统上各不相同。

本书在编写过程中力求循序渐进、系统全面，论述深入浅出，注重理论联系实际。在具体的叙述中，尽量采用简洁易懂的语言进行解释和说明，使读者对单片机有一个直观而系统的认识，并为读者从事实际系统设计提供有效的帮助。尽管对于初学者而言，单片机显得比较抽象和不易理解，但只要遵循循序渐进的原则，特别是在学习过程中，如能结合典型实例，边学边做，一定会取得事半功倍的效果。

本书由额尔和木图主编，由陈玉峰担任副主编，王亚军等参与编写。具体分工如下：第 1 章、第 2 章、附录由陈玉峰编写；第 3 章由王亚军编写；第 4~9 章由额尔和木图编写。全书由额尔和木图统稿、审定。

本书可作为高等院校学生的教材和广大科技工作者的参考书。本书得到中冶东方股有限公司李金虎高级工程师和特木尔其鲁工程师的许多宝贵的意见，编者深表谢忱。本书在编写过程中，参考了目前单片机方面许多优秀的论著，在此谨向有关作者表示诚挚的谢意。

限于水平，加之编写时间仓促，书中疏漏之处，恳请广大读者批评指正。

编　者

目 录

第1章 绪论 ………………………………………………………………… 1
 1.1 单片机基础知识 ……………………………………………………… 1
 1.2 单片机的应用 ………………………………………………………… 3
 1.3 MCS-51系列单片机与AT89C5x系列单片机 ……………………… 4
 1.4 μVision集成开发环境介绍 …………………………………………… 8
 习题与思考题 ……………………………………………………………… 12
项目一 灯光控制 …………………………………………………………… 13
第2章 MCS-51单片机结构和原理 ……………………………………… 16
 2.1 MCS-51单片机的内部结构 ………………………………………… 16
 2.2 MCS-51单片机的引脚及其片外总线 ……………………………… 30
 2.3 复位和复位电路 ……………………………………………………… 32
 2.4 CPU的时钟与时序 …………………………………………………… 33
 习题与思考题 ……………………………………………………………… 35
项目二 片上资源认知实训 ………………………………………………… 36
第3章 MCS-51指令系统 ………………………………………………… 38
 3.1 指令格式及常用符号 ………………………………………………… 38
 3.2 MCS-51的寻址方式 ………………………………………………… 41
 3.3 数据传送类指令 ……………………………………………………… 44
 3.4 算术运算类指令 ……………………………………………………… 49
 3.5 逻辑运算与循环类指令 ……………………………………………… 56
 3.6 控制转移类指令 ……………………………………………………… 59
 3.7 位操作类指令 ………………………………………………………… 63
 习题与思考题 ……………………………………………………………… 65
项目三 指令与寻址方式认知 ……………………………………………… 70
第4章 MCS-51汇编语言程序设计 ……………………………………… 72
 4.1 汇编语言程序设计概述 ……………………………………………… 72

- 4.2 汇编语言源程序设计和汇编 …… 77
- 4.3 基本程序结构 …… 79
- 4.4 子程序和参数传递方法 …… 90
- 4.5 查表程序设计 …… 96
- 4.6 散转程序设计 …… 97
- 习题与思考题 …… 101

项目四 I/O 口输入输出 …… 103

第 5 章 MCS-51 的中断系统及定时器/计数器 …… 106
- 5.1 MCS-51 单片机的中断系统 …… 106
- 5.2 MCS-51 单片机中断处理过程 …… 110
- 5.3 中断程序举例 …… 114
- 5.4 MCS-51 单片机的定时器/计数器 …… 116
- 习题与思考题 …… 129

项目五 定时器/计数器 …… 130

第 6 章 MCS-51 串行接口 …… 133
- 6.1 计算机串行通信基础 …… 133
- 6.2 MCS-51 单片机的串行口 …… 140
- 6.3 MCS-51 单片机的串行口应用 …… 153
- 习题与思考题 …… 162

项目六 串行通信 …… 163

第 7 章 MCS-51 单片机系统扩展 …… 166
- 7.1 系统扩展结构 …… 166
- 7.2 地址空间分配和外部地址锁存器 …… 168
- 7.3 存储器的扩展 …… 173
- 7.4 输入/输出及其控制方式 …… 187
- 7.5 82C55 接口芯片及其应用 …… 190
- 7.6 I^2C 总线接口及其扩展 …… 201
- 习题与思考题 …… 212

项目七 82C55 扩展 …… 214

第 8 章 数/模和模/数转换器接口 …… 218
- 8.1 概述 …… 218
- 8.2 MCS-51 单片机与 DAC 的接口 …… 218

8.3 MCS-51 单片机与 ADC 的接口 …………………………………… 226
  习题与思考题 ………………………………………………………… 238
项目八　A/D 转换实训 ……………………………………………… 239
第 9 章　MCS-51 单片机的应用系统实例 ………………………… 242
  9.1 压力、流速数据采集系统 ………………………………………… 242
  9.2 单片机控制的家用电加热锅炉电路 ……………………………… 252
  习题与思考题 ………………………………………………………… 260
附录 …………………………………………………………………… 261
参考文献 ……………………………………………………………… 268

第 1 章

绪　　论

1.1　单片机基础知识

1.1.1　什么是单片机

单片机是一片半导体硅片集成中央处理单元（CPU）、存储器（RAM、ROM）、并行 I/O、串行 I/O、定时器/计数器、中断系统、系统时钟电路及系统总线的微型计算机。它具有微型计算机的属性，因而被称为单片微型计算机，简称单片机。

单片机主要应用于测控领域。使用时，单片机通常是处于测控系统的核心地位并嵌入其中，因此，国际上通常把单片机称为嵌入式控制器（EMCU，embedded microcontroller unit），或微控制器（MCU，microcontroller unit）。我国的研究者习惯于使用"单片机"这一名称。

单片机是计算机技术发展史上的一个重要里程碑，标志着计算机正式形成了通用计算机系统和嵌入式计算机系统两大分支。单片机体积小、成本低，可嵌入到工业控制单元、机器人、智能仪器仪表、汽车电子系统、武器系统、家用电器、办公自动化设备、金融电子系统、玩具、个人信息终端及通信产品中。

按照其用途可将单片机分为通用型和专用型两大类。

（1）通用型单片机就是其内部可开发的资源（如存储器、I/O 等各种外围功能部件）可以全部提供给用户。

用户根据需要，设计一个以通用单片机芯片为核心，再配以外围接口电路及其他外围设备，并编写相应的软件来满足各种不同需要的测控系统。人们通常所说的单片机和本书介绍的单片机都是指通用型单片机。

（2）专用型单片机是专门针对某些产品的特定用途而制作的单片机。

例如，各种家用电器中的控制器等。由于用途特定，单片机芯片制造商常与产品厂家合作，设计和生产"专用"的单片机芯片。

由于在设计中已经对"专用"单片机的系统结构最简化、可靠性和成本的最佳化等方面做了全面的综合考虑，所以"专用"单片机具有十分明显的综合优势。

无论"专用"单片机在用途上有多么"专",其基本结构和工作原理都是以通用单片机为基础的。

1.1.2 单片机的特点

单片机是集成电路技术与微型计算机技术高速发展的产物,其体积小、价格低、应用方便、稳定可靠,因此,给工业自动化等领域带来了一场重大技术革命。

由于单片机体积小,可很容易地嵌入到系统之中,以实现各种方式的检测、计算或控制,这一点,一般微型计算机根本做不到。单片机本身就是一个微型计算机,因此只要在单片机的外部适当增加一些必要的外围扩展电路,就可以灵活地构成各种应用系统,如工业自动检测监视系统、数据采集系统、自动控制系统、智能仪器仪表等。

为什么单片机应用广泛?主要是因为其具有以下优点:

(1) 功能齐全、应用可靠、抗干扰能力强。

(2) 简单方便、易于普及。单片机技术容易掌握。应用系统设计、组装、调试已经是一件容易的事情,工程技术人员通过学习可很快掌握其应用设计技术。

(3) 发展迅速、前景广阔。短短几十年,单片机经过4位机、8位机、16位机、32位机等几大发展阶段。尤其是集成度高、功能日臻完善的单片机不断问世,使单片机在工业控制及工业自动化领域获得长足发展和广泛应用。目前,单片机内部结构愈加完美,片内外围功能部件越来越完善,为向更高层次和更大规模的发展奠定坚实的基础。

(4) 具有嵌入容易、用途广泛、体积小、性能价格比高、应用灵活性强等特点,在嵌入式微控制系统中具有十分重要的地位。

单片机出现前,制作一套测控系统,需要大量的模拟电路、数字电路、分立元件以实现计算、判断和控制功能。但是,该测控系统的体积庞大,线路复杂,连接点多,易出现故障。

单片机出现后,测控功能的绝大部分由单片机的软件程序来实现,其他电子线路则由片内的外围功能部件来替代。

1.1.3 单片机的发展概况

单片机按其处理的二进制位数主要分为:4位单片机、8位单片机、16位单片机和32位单片机。

单片机的发展大致分为4个阶段:

第一阶段（1974—1976 年）：单片机初级阶段。因工艺限制，单片机采用双片的形式而且功能比较简单。1974 年 12 月，仙童公司推出了 8 位的 F8 单片机，实际上只包括了 8 位 CPU、64B RAM 和 2 个并行口。

第二阶段（1976—1978 年）：低性能单片机阶段。1976 年，Intel 的 MCS-48 单片机（8 位）极大地促进了单片机的变革和发展；1977 年 GI 公司推出了 PIC1650，但这个阶段仍处于低性能阶段。

第三阶段（1978—1983 年）：高性能单片机阶段。1978 年，Zilog 公司推出 Z8 单片机；1980 年，Intel 公司在 MCS-48 系列基础上推出 MCS-51 系列，Motorola 推出 6801 单片机。这些单片机的出现使其性能及应用跃上新的台阶。

此后，各公司的 8 位单片机迅速发展。推出的单片机普遍带有串行 I/O 口、多级中断系统、16 位定时器/计数器，片内 ROM、RAM 容量加大，且寻址范围可达 64KB，有的片内还带有 A/D 转换器。由于这类单片机的性能价格比高，所以被广泛应用，是当时应用数量最多的单片机。

第四阶段（1983 年至今）：8 位单片机巩固发展及 16 位单片机、32 位单片机推出阶段。

16 位典型产品是 Intel 公司的 MCS-96 系列单片机。而 32 位单片机除了具有更高的集成度外，其数据处理速度比 16 位单片机提高许多，性能比 8 位、16 位单片机更加优越。

20 世纪 90 年代是单片机制造业大发展时期，Motorola、Intel、ATMEL、德州仪器（TI）、三菱、日立、飞利浦、LG 等公司开发出一大批性能优越的单片机，极大地推动了单片机的应用。近年来又涌现出不少新型的高集成度的单片机产品，出现了产品丰富多彩的局面。

目前，除 8 位单片机得到广泛应用外，16 位单片机、32 位单片机也得到广大用户青睐。

1.2 单片机的应用

单片机是在一块芯片上集成了一台微型计算机所需的 CPU、存储器、输入/输出部件和时钟电路等。因此，它具有体积小、使用灵活、成本低、易于产品化、抗干扰能力强、可在各种恶劣环境下可靠地工作等特点。特别是它应用面广、控制能力强的优点，使它在工业控制、智能仪表、外设控制、家用电器、机器人、军事装置等方面得到了广泛的应用。

单片机主要可用于以下几方面：

1. 测控系统中的应用

控制系统特别是工业控制系统的工作环境恶劣，各种干扰也强，而且往往要求实时控制，故要求控制系统工作稳定、可靠、抗干扰能力强。单片机最适宜用于控制领域，如炉子恒温控制、电镀生产线自动控制等。

2. 智能仪表中的应用

用单片机制作的测量、控制仪表，能使仪表向数字化、智能化、多功能化、柔性化发展，并使监测、处理、控制等功能一体化，使仪表重量大大减轻，便于携带和使用，同时降低了成本，提高了性能价格比，如数字式 RLC 测量仪、智能转速表、计时器等。

3. 智能产品中的应用

单片机与传统的机械产品结合，使传统机械产品结构简化、控制智能化，构成新型的机、电、仪一体化产品，如数控车床、智能电动玩具、各种家用电器和通信设备等。

4. 在智能计算机外设中的应用

在计算机应用系统中，除通用外部设备（键盘、显示器、打印机等）外，还有许多用于外部通信、数据采集、多路分配管理、驱动控制等接口。如果这些外部设备和接口全部由主机管理，势必造成主机负担过重、运行速度降低，并且不能提高对各种接口的管理水平。但如果采用单片机专门对接口进行控制和管理，则主机和单片机就能并行工作，这不仅大大提高了系统的运算速度，而且单片机还可对接口信息进行预处理，以减少主机和接口间的通信密度、提高接口控制管理的水平，如绘图仪控制器、磁带机、打印机的控制器等。

综上所述，单片机在很多应用领域都得到了广泛的应用。目前，国外的单片机应用已相当普及。国内虽然从 1980 年开始才着手开发应用，但至今也已拥有数十家专门生产单片机开发系统的工厂或公司，愈来愈多的科技工作者投身到单片机的开发和应用中，并且在程序控制、智能仪表等方面涌现出大量科技成果。可以预见，单片机在我国必将有着更为广阔的发展前景。

1.3 MCS-51 系列单片机与 AT89C5x 系列单片机

1.3.1 MCS-51 系列单片机

MCS 是 Intel 公司单片机的系列符号，如 MCS-48、MCS-51、MCS-96 系列单片机。

MCS-51 系列单片机是在 MCS-48 系列单片机基础上，于 20 世纪 80 年代初发展起来的，是最早进入我国，并在我国得到广泛应用的单片机主流品种。

MCS-51 系列品种丰富，经常使用的是基本型和增强型。

1. 基本型

典型产品有：8031/8051/8751。

8031 内部包括一个 8 位 CPU、128B RAM、21 个特殊功能寄存器（SFR）、四个 8 位并行 I/O 口、一个全双工串行口、两个 16 位定时器/计数器、五个中断源，但片内无程序存储器，需外扩程序存储器芯片。

8051 是在 8031 的基础上，片内又集成有 4KB ROM 作为程序存储器。所以 8051 是一个程序不超过 4KB 的小系统。ROM 内的程序是公司制作芯片时，代用户烧制的。

8751 与 8051 相比，片内集成的 4KB EPROM 取代了 8051 的 4KB ROM 来作为程序存储器。

2. 增强型

Intel 公司在基本型基础上，推出增强型 - 52 子系列，典型产品：8032/8052/8752。内部 RAM 增到 256B，8052 片内程序存储器扩展到 8KB，16 位定时器/计数器增至 3 个，有 6 个中断源，串行口通信速率提高 5 倍。

表 1-1 列出了基本型和增强型的 MCS-51 系列单片机片内的基本硬件资源。

表 1-1 MCS-51 系列单片机的片内硬件资源

类型	型号	片内程序存储器	片内数据存储器/B	I/O 口线/位	定时器/计数器/个	中断源个数/个
基本型	8031	无	128	32	2	5
	8051	4KB ROM	128	32	2	5
	8751	4KB EPROM	128	32	7	5
增强型	8032	无	256	32	3	6
	8052	8KB ROM	256	32	3	6
	8752	8KB EPROM	256	32	3	6

1.3.2 AT89C5x（AT89S5x）系列单片机

20 世纪 80 年代中期以后，Intel 集中精力开发、研制高档 CPU 芯片，淡出单片机芯片的开发和生产。MCS-51 系列单片机设计上的成功以及较高的市场占有率，使其已成为许多厂家、电气公司竞相选用的对象。Intel 公司以专利形式把 8051 内核技术转让给 ATMEL、Philips、Cygnal、ANALOG、LG、ADI、Maxim、DALLAS 等公司。

生产的兼容机与 8051 兼容，采用 CMOS 工艺，因而常用 80C51 系列单片机来称呼所有这些具有8051指令系统的单片机,这些兼容机的各种衍生品种统称为51系列单片机或简称为51单片机,是在8051的基础上又增加一些功能模块(称其为增强型、扩展型子系列单片机)。

近年来,世界上单片机芯片生产厂商推出的与8051(80C51)兼容的主要产品如表1-2所示。

表1-2 与80C51兼容的主要产品

生产厂家	单片机型号
ATMEL公司	AT89C5x系列(89C51/89S51、89C52/89S52,89C55等)
Philips(菲利浦)公司	80C51、8xC552系列
Cygnal公司	C80C51F系列高速SOC单片机
LG公司	GMS90/97系列低价高速单片机
ADI公司	ADuC8xx系列高精度单片机
美国Maxim公司	DS89C420高速(50MIPS)单片机系列
台湾华邦公司	W78C51、W77C51系列高速低价单片机
AMD公司	8-515/535单片机
Siemens公司	SAB80512单片机

在众多的衍生机型中,ATMEL公司的AT89C5x/AT89S5x系列单片机,尤其是AT89C51/AT89S5和AT89C52/AT89S52在8位单片机市场中占有较大的市场份额。

ATMEL公司1994年以E2PROM技术与Intel公司的80C51内核的使用权进行交换。

ATMEL公司的技术优势是闪烁(Flash)存储器技术,将Flash技术与80C51内核相结合形成了片内带有Flash存储器的AT89C5x/AT89S5x系列单片机。

AT89C5x/AT89S5x系列单片机与MCS-51系列单片机在原有功能、引脚以及指令系统方面完全兼容。

此外,某些品种又增加了一些新的功能,如看门狗定时器WDT、ISP(在系统编程也称在线编程)及SPI串行接口技术等。片内Flash存储器允许在线(+5V)电擦除、电写入或使用编程器对其重复编程。另外,AT89C5x/AT89S5x单片机还支持由软件选择的两种节电工作方式,非常适于低功耗的场合。与MCS-51系列的87C51单片机相比,AT89C51/AT89S51单片机片内的4KB Flash存储器取代了87C51片内的4KB EPROM。AT89S51片内的Flash存储器可在线编程或使用编程器重复编程,且价格较低。因此,AT89C51/AT89S51单片机作为代表性产品,受到用户欢迎,AT89C5x/AT89S5x单片机是目前取代MCS-51系列单片机的主流芯片之一。

AT89S5x 的"S"档系列机型是 ATMEL 公司继 AT89C5x 系列之后推出的新机型，代表性产品为 AT89S51 和 AT89S52。基本型的 AT89C51 与 AT89S51 以及增强型的 AT89C52 与 AT89S52 的硬件结构和指令系统完全相同。

使用 AT89C51 的系统，在保留原来软硬件的条件下，完全可以用 AT89S51 直接代换。

与 AT89C5x 系列单片机相比，AT89S5x 系列单片机的时钟频率以及运算速度有了较大的提高。例如，AT89S51 工作频率的上限为 24MHz，而 AT89S51 工作频率的上限则为 33MHz。AT89S51 片内集成有双数据指针 DPTR、看门狗定时器，具有低功耗空闲工作方式和掉电工作方式。目前，AT89S5x 系列已逐渐取代 AT89C5x 系列。

表 1-3 为 ATMEL 公司 AT89C5x/AT89S5x 系列单片机主要产品片内硬件资源。由于种类多，要依据实际需求来选择合适的型号。

表 1-3 ATMEL 公司生产的 AT89S5x 系列单片机的片内硬件资源

型号	片内 Flash ROM/KB	片内 RAM/B	I/O 口线/位	定时器/计数器/个	中断源个数/个	引脚数目/个
AT 89C1051	1	128	15	1	3	20
AT 89C2051	2	128	15	2	5	20
AT 89C51	4	128	32	2	5	40
AT 89S51	4	128	32	2	6	40
AT 89C52	8	256	32	3	8	40
AT 89S52	8	256	32	3	8	40
AT 89LV51	4	128	32	2	6	40
AT 89LV52	8	256	32	3	8	40
AT 89C55	20	256	32	3	8	44

表 1-3 中的 AT89C1051 与 AT89C2051 为低档机型，均为 20 只引脚。当低档机满足设计需求时，就不要采用较高档次的机型。

例如，设计系统时，仅仅需要一个定时器和几位数字量输出，那么选择 AT89C1051 或 AT89C2051 即可，不需选择 AT89S51 或 AT89S52，因为后者要比前者的价格高，且前者体积小。如果对程序存储器和数据存储器的容量要求较高，而且单片机运行速度尽量要快，那么可考虑选择 AT89S51/AT89S52，因为它们的最高工作时钟频率为 33MHz。若程序需要多于 8KB 以上的空间，那么可考虑选用片内 Flash 容量为 20KB 的 AT89C55。

表 1-3 中,"LV"代表低电压,它与 AT89S51 的主要差别是其工作时钟频率为 12MHz,工作电压为 2.7~6V,编程电压 V_{PP} 为 12V。AT89LV51 的低电压电源工作条件可使其在便携式、袖珍式、无交流电源供电的环境中应用,特别适于电池供电的仪器仪表和各种野外操作的设备中。尽管 AT89C5x/AT89S5x 系列单片机有多种机型,但掌握好基本型 AT89S51 单片机十分重要,因为它们是具有 8051 内核的各种型号单片机的基础,最具典型性和代表性,同时也是各种增强型、扩展型等衍生品种的基础。

本书以 AT89S51 作为 51 单片机的代表性机型来介绍单片机的原理及应用。

在我国,除 8 位单片机得到广泛应用外,16 位单片机也得到了广大用户的青睐。例如,美国 TI 公司的 16 位单片机 MSP430 和我国台湾的凌阳 16 位单片机,本身带有 A/D 转换器,一块芯片就构成了一个数据采集系统,设计、使用非常方便。尽管这样,16 位单片机还远远没有 8 位单片机应用得那样广泛和普及,因为在目前的主要应用中,8 位单片机的性能已能够满足大部分的实际需求,况且 8 位单片机的性能价格比也较好。

在众多厂家生产的各种不同的 8 位单片机中,与 MCS-51 系列单片机兼容的各种 51 单片机,目前仍然是 8 位单片机的主流品种,若干年内仍是自动化、机电一体化、仪器仪表、工业检测控制应用的主角。

1.4 μVision 集成开发环境介绍

μVision 集成开发环境是美国 Keil 公司的产品,它集编辑、编译(或汇编)、仿真调试等功能于一体,具有当代典型嵌入式处理器的流行界面。常用的版本是 μVision2,较新的版本是 μVision3、μVision4。目前,它支持世界上几十家公司的数百种嵌入式处理器,包括 80C51 系列的各种单片机、非 80C51 系列的各种单片机及 ARM 等。它支持汇编程序的开发,也支持 C 语言程序的开发。

1.4.1 μVision 的界面

μVision3 的界面如图 1-1 所示。它具有菜单栏、快捷工具栏,可以打开的主要界面是工程窗口和对应的文件编辑窗口、运行信息显示窗口、存储器信息显示窗口等。

为了便于单片机资源的观察,在工程窗口中可以展开 Register 标签,从而可以方便地观察单片机寄存器的状态,打开存储器信息窗口可以显示 ROM、RAM 的内容,还可以打开多种窗口用于应用软件的调试。

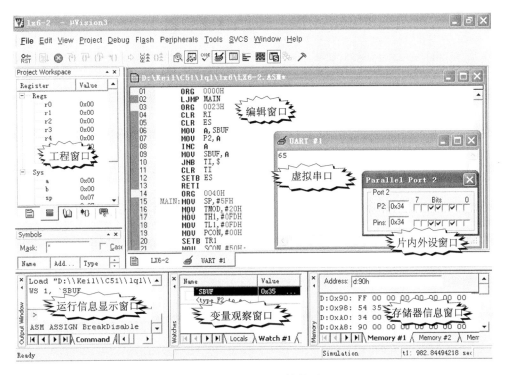

图 1 - 1　μVision3 的界面

1.4.2　目标程序的生成

1. 建立工程

为了获得目标程序，通常需要利用多个程序构成工程文件，这些程序包括汇编语言源文件、C 语言源文件、库文件、包含文件等。生成目标文件的同时，还可以自动生成一些便于分析和调试目标程序的辅助文件。对这些文件进行较好的管理与组织，常用的方法就是建立一个工程文件。

用鼠标单击 Project 菜单下的 New μVision Project，在弹出的窗口中输入准备建立的工程文件名。

2. 配置工程

刚建立的工程仅是一个框架，应根据需求添加相应的程序。在工程窗口的 Source Group1 处单击鼠标右键会弹出一个菜单，点击其中的选项 Add Files to Group "Source Group1"，在弹出的窗口中改变文件类型，填入文件名。

3. 编译工程

工程的编译是正确生成目标程序的关键，要完成这一任务应该进行一些基本设置。在 Project 菜单的下拉选项中，单击 Open for Target "Target1"，弹出的窗口如图 1-2 所示。

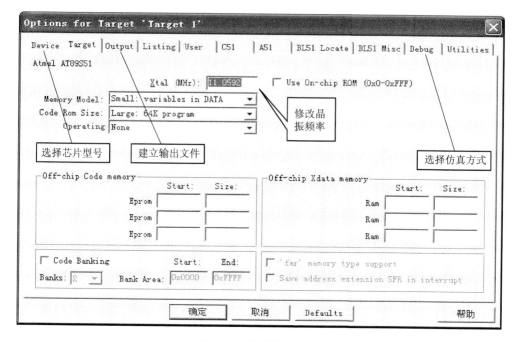

图 1-2 编译设置界面

工程的编译设置内容较多，多数可以选用默认设置，但有些内容必须确认或修改，这些内容包括：

（1）Device 标签，单片机型号的选择。
（2）Target 标签，晶振频率的设置。
（3）Output 标签，输出文件选项 Create HEX File 上要打钩。
（4）Debug 标签，软件模拟方式与硬件仿真方式的选择。

这些配置完成后就可以进行工程的编译了。在 Project 菜单的下拉选项中，单击 Rebuild All Target Files 选项，系统进行编译并提示编译信息。如果有错误，进行修改后重新编译，直至无错并生成目标文件。此时在该工程的文件夹下会找到新生成的文件。

1.4.3 仿真调试

目标文件的正确无误是应用系统的基本要求，要想达到这一目标通常要经过仿真调试过程。仿真调试可以分两大类：一类是软件模拟，即 Simulator；另一类是硬件仿真，即 Monitor。前者无需硬件仿真器，但是无法仿真目标系统的实时功能，常用于算法模拟；后者需要硬件仿真器，它可以仿真目标系统的实时功能，常用于应用系统的硬件调试。

在 Debug 菜单的下拉选项中单击 Start/Stop Debug Session，会使 Debug 菜单下的 Run、Step 等选项成为可选状态。

程序运行时可以利用 μVision 的调试功能观察存储器、寄存器、片内设备、片外设备的状态，特别是可以利用开发环境的虚拟串口与模拟单片机的串口交互信息，为应用程序的调试带来极大的方便。

1.4.4 示例步骤

（1）建立一个文件夹：mytest。

（2）利用 File 的 New 选项进入编辑界面，输入下面的源文件，以 led.asm 为文件名存盘。

```
      ORG  0000H
      LJMP MAIN
      ORG  0040H
MAIN: MOV  A, #7FH
LOOP: MOV  P1, A
      RR   A
      LJMP LOOP
      SJMP $
      END
```

（3）在 mytest 文件夹中建立新工程，以文件名 led 存盘（工程扩展名会自动添加）。

（4）在 Project 菜单的下拉选项中，单击 Option for Target "Target1"，在弹出的窗口中完成以下设置：

a. 单片机芯片选择 AT89S51；

b. 晶振频率设为 11.0592MHz；

c. 在 Output Create HEX File 前小框中打钩；

d. Debug 标签选择 Use Simulator（软件模拟）。

（5）在 Project 菜单的下拉选项中，单击 "Rebuild All Target Files" 选项完成汇编。

（6）在 Debug 菜单的下拉选项中单击 Start/Stop Debug Session 进入调试状态。

（7）在 Peripherals 菜单的 I/O Ports 选项上选择 Port2。

（8）在 Debug 菜单下选择 Step（单步）方式运行，观察 Port2 窗口状态变化。如果要用 Run（连续工作方式）方式，应加入一段延时程序，以便观察 LED 状态的变化。

习题与思考题

1. 什么是单片机？它与一般微型计算机在结构上有何区别？
2. 单片机的发展大致可分为几个阶段？各阶段的单片机功能特点是什么？
3. 在你生活中应用单片机的例子有哪些？
4. 当前单片机的主要产品有哪些？各有何特点？
5. 除了 Intel 公司的 MCS-51 以外，还有哪些公司生产与 MCS-51 兼容的产品？

项目一

灯 光 控 制

一、项目目标

【能力目标】

能使用 μVision3 软件对单片机应用系统源程序进行程序的编辑、编译及调试。

【知识目标】

了解单片机应用系统的开发过程,获得感性认知。

了解 μVision3 软件的基本功能和使用方法。

二、项目要求

利用 μVision3 软件对项目一进行创建、编译及调试。

三、硬件电路

实训线路如图 1-3 所示。I/O 口输出为"1"时对应的发光二极管灯灭,输出为"0"时对应的发光二极管灯亮。

四、软件程序

```
        ORG     0000H           ;程序开始
        AJMP    MAIN            ;跳转到主程序
        ORG     0030H           ;主程序从30H开始
MAIN:   MOV     SP,#60H         ;初始化堆栈
        MOV     P1,#0FFH
        MOV     P0,#0FFH
        MOV     P2,#0FFH
        MOV     P3,#0FFH        ;发光二极管全灭
LP:     LCALL   DELAY1          ;调用延时子程序
        MOV     P2,#0FFH        ;点亮 P2.2、P2.6,以下同理
        MOV     P3,#00H
```

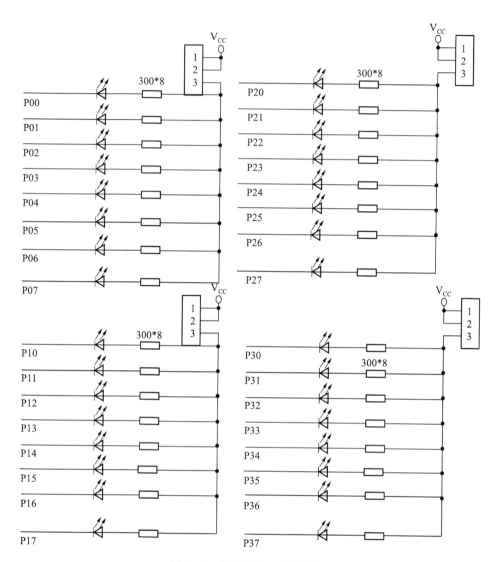

图1-3 灯光控制电路原理图

```
        MOV     P0, #0FFH
        MOV     P1, #00H
        LCALL   DELAY1
        MOV     P2, #00H
        MOV     P3, #0FFH
        MOV     P0, #00H
        MOV     P1, #0FFH
        LCALL   DELAY1
```

```
        AJMP       LP
DELAY1: MOV        R5, #0F8H    ;延时子程序
S0: MOV        R6, #60H
S1: DJNZ       R6, S1
        DJNZ       R5, S0
        RET
        END
```

五、项目实施

（1）用 40 芯排线把主机模块和灯光控制实训模块连接起来。将 4 个短路子连接到标有黑块的一边，接通电源，运行参考程序。

（2）把 40 芯排线拔掉，用导线将主机的任意一个 8 位 I/O 口和灯光控制实训模块的任意 8 个 LED 相连。编写程序使 LED 发光二极管一列亮、一列灭地交替循环运行。

六、能力训练

在本项目中，编写程序使 4 列 LED 发光二极管按照 1、2 列灭，3、4 列亮的顺序循环运行。

第 2 章

MCS-51 单片机结构和原理

2.1 MCS-51 单片机的内部结构

2.1.1 MCS-51 系列的 80C51 单片机结构

MCS-51 单片机是在一块芯片中集成了 CPU、RAM、ROM、定时器/计数器和多种功能的 I/O 线等一台计算机所需要的基本功能部件。MCS-51 单片机内包含下列几个部件：

(1) 一个 8 位 CPU。
(2) 一个片内振荡器及时钟电路。
(3) 4K 字节 ROM 程序存储器。
(4) 128 字节 RAM 数据存储器。
(5) 两个 16 位定时器/计数器。
(6) 可寻址 64K 外部数据存储器和 64K 外部程序存储器空间的控制电路。
(7) 32 条可编程的 I/O 线（四个 8 位并行 I/O 端口）。
(8) 一个可编程全双工串行口。
(9) 具有五个中断源、两个优先级嵌套中断结构。

80C51 单片机结构框图如图 2-1 所示，各功能部件由内部总线连接在一起。

2.1.2 CPU 结构

80C51 单片机由 CPU（含运算器、控制器及一些寄存器）、存储器和 I/O 口组成，其内部逻辑结构如图 2-2 所示。

1. 运算器

运算器由算数/逻辑运算单元 ALU、累加器 ACC、寄存器 B、暂存寄存器、程序状态字寄存器 PSW 组成。运算器的任务是实现算数和逻辑运算、位变量处理和数据传送等操作。

80C51 的 ALU 功能极强，不仅能完成 8 位二进制的加、减、乘、除、加 1、减 1 及 BCD 加法的十进制调整等算术运算，还能对 8 位变量进行逻辑"与"

第 2 章 MCS-51 单片机结构和原理

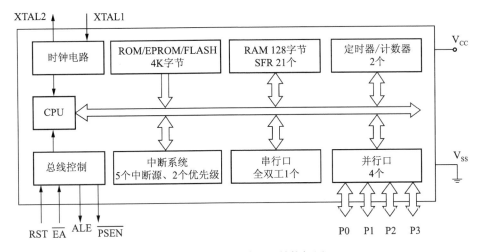

图 2-1　80C51 单片机结构框图

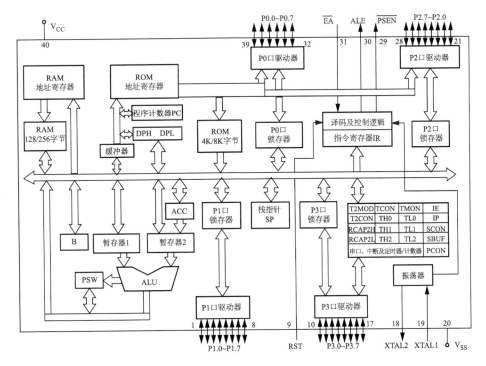

图 2-2　80C51 内部逻辑结构图

"或""异或"、循环移位、求补、清零等逻辑运算,并具有数据传输、程序转移等功能,同时还具有一般处理器不具备的位处理功能。

累加器 ACC（简称累加器 A）为一个 8 位寄存器,它是 CPU 中使用最频繁的寄存器。进入 ALU 做算术和逻辑运算的操作数多来自 A,运算结果也常送回 A

保存。

寄存器 B 是为 ALU 进行乘除法运算而设置的。若不做乘除运算时,则可作为通用寄存器使用。

程序状态字 PSW 是一个 8 位的标志寄存器,它保存指令执行结果的特征信息,以供程序查询和判别。PSW 各位的定义如下,字节地址为 D0H。

PSW.7	PSW.6	PSW.5	PSW.4	PSW.3	PSW.2	PSW.1	PSW.0
C	AC	F0	RS1	RS0	OV	—	P

进位标志位 C (PSW.7):在执行某些算术操作类、逻辑操作类指令时,可被硬件或软件置位或清零。它表示运算结果是否有进位或借位。如果在最高位有进位(加法时)或有借位(减法时),则 C = 1;否则 C = 0。

辅助进位(或称半进位)标志位 AC (PSW.6):表示两个 8 位数运算,低 4 位有无进(借)位的状况。当低 4 位相加(或相减)时,若 D3 位向 D4 位有进位(或借位),则 AC = 1;否则 AC = 0。在 BCD 码运算的十进制调整中要用到该标志。

用户自定义标志位 F0 (PSW.5):用户可根据自己的需要对 F0 赋予一定的含义,通过软件置位或清零,并根据 F0 = 1 或 0 来决定程序的执行方式,或反映系统某一种工作状态。

工作寄存器组选择位 RS1、RS0 (PSW.4、PSW.3):可用软件置位或清零,用于选定当前使用的四个工作寄存器组中的某一组。

溢出标志位 OV (PSW.2):做加法或减法时,由硬件置位或清零,以指示运算结果是否溢出。OV = 1 表示运算结果超出了累加器的数值范围(无符号数的范围为 0 ~ 255,以补码形式表示一个有符号数的范围为 - 128 ~ + 127)。进行无符号数的加法或减法时,OV 的值与进位位 C 的值相同;进行有符号数的加法时,如最高位、次高位之一有进位,或做减法时,如最高位、次高位之一有借位,OV 被置位,即 OV 的值为最高位和次高位的异或($C_7 \oplus C_6$)。

执行乘法指令 MUL AB 也会影响 OV 标志。积大于 255 时,OV = 1;否则 OV = 0。

执行除法指令 DIV AB 也会影响 OV 标志。若 B 中所放除数为 0,OV = 1;否则 OV = 0。

奇偶标志位 P (PSW.0):在执行指令后,单片机根据累加器 A 中 1 的个数的奇偶自动给该标志位置位或清零。若 A 中 1 的个数为奇数,则 P = 1;否则 P = 0。该标志对串行通信的数据传输非常有用,通过奇偶校验可检验传输的可靠性。

2. 控制器

控制器包括程序计数器、指令寄存器、指令译码器、定时及控制逻辑电路等。功能是控制指令的读入、译码和执行,从而对各功能部件进行定时和逻辑控制。

程序计数器 PC 是一个独立的 16 位计数器,不可访问。单片机复位时,PC 中的内容为 0000H,从程序存储器 0000H 单元取指令,开始执行程序。

PC 工作过程是:CPU 读指令时,PC 的内容作为所取指令的地址,程序存储器按此地址输出指令字节,同时 PC 自动加 1;PC 中的内容变化轨迹决定程序流程,当顺序执行程序时自动加 1;执行转移程序或子程序、中断子程序调用时,自动将其内容更改成所要转移的目的地址。

PC 的计数宽度决定了程序存储器的地址范围。PC 为 16 位,故可对 64KB (-2^{16}B) 寻址。

2.1.3 存储器

MCS-51 单片机的程序存储器和数据存储器空间是互相独立的,物理结构也不同。程序存储器为只读存储器(ROM)。数据存储器为随机存取存储器(RAM)。各有自己的寻址系统、控制信号和功能。程序存储器用来存放程序和始终要保留的常数,如所编程序经汇编后的机器码。数据存储器通常用来存放程序运行中所需要的常数或变量,如做加法时的加数和被加数、做乘法时的乘数和被乘数、模/数转换时实时记录的数据等。单片机的存储器编址方式采用与工作寄存器、I/O 口锁存器统一编址的方式。

从物理地址空间看,MCS-51 有四个存储器地址空间,即片内程序存储器、片外程序存储器、片内数据存储器和片外数据存储器。

MCS-51 系列各芯片的存储器在结构上有些区别,但区别不大。从应用设计的角度可分为如下两种情况:①片内有程序存储器和片内无程序存储器;②片内有数据存储器但存储单元够用和片内有数据存储器但存储单元不够用。

1. 程序存储器

程序存储器用来存放程序和表格常数。程序存储器以程序计数器 PC 作地址指针,通过 16 位地址总线,可寻址的地址空间为 64K 字节。片内、片外统一编址。

1) 片内有程序存储器且存储空间足够

在 80C51 片内,带有 4K 字节 ROM/EPROM 程序存储器(内部程序存储器),4K 字节可存储两千多条指令,对于一个小型的单片机控制系统来说就足够了,不必另加程序存储器。若不够还可选 8K 或 16K 内存的单片机芯片,如 89C52 等。总之,尽量不要扩展外部程序存储器,这会增加成本、增大产品体积。

2) 片内有程序存储器但存储空间不够

若开发的单片机系统较复杂,片内程序存储器存储空间不够用时,可外扩展程序存储器。具体扩展多大的芯片要计算一下，由两个条件决定：一是看程序容量大小；二是看扩展芯片容量大小。64K 总容量减去内部 4K 即外部能扩展的最大容量，2764 的容量为 8K、27128 的容量为 16K、27256 的容量为 32K、27512 的容量为 64K。若再不够就只能换芯片，选 16 位芯片或 32 位芯片都可。确定了芯片后就要计算地址，再将$\overline{EA}$引脚接高电平，使程序从内部 ROM 开始执行，当 PC 值超出内部 ROM 的容量时，会自动转向外部程序存储器空间。

对 80C51 而言，外部程序存储器地址空间为 1000H ~ FFFFH。对这类单片机，若把$\overline{EA}$接低电平，可用于调试程序，即把要调试的程序放在与内部 ROM 空间重叠的外部程序存储器内，进行调试和修改。调试好后再分两段存储，再将$\overline{EA}$接高电平，就可运行整个程序。

3）片内无程序存储器

80C31 芯片无内部程序存储器，需外部扩展 EPROM 芯片，地址在 0000H ~ FFFFH 都是外部程序存储器空间，在设计时$\overline{EA}$应始终接低电平，使系统只从外部程序存储器中取指令。

MCS - 51 单片机复位后程序计数器 PC 的内容为 0000H，因此系统从 0000H 单元开始取值，并执行程序，它是系统执行程序的起始地址，通常在该单元中存放一条跳转指令，而用户程序从跳转地址开始存放程序。

2. 数据存储器

1）内部数据存储器

MCS - 51 单片机的数据存储器无论在物理上或逻辑上都分为两个地址空间：一个为内部数据存储器，访问内部数据存储器用 MOV 指令；另一个为外部数据存储器，访问外部数据存储器用 MOVX 指令。

MCS - 51 系列单片机各芯片内部都有数据存储器，是最灵活的地址空间，它分成物理上独立的且性质不同的几个区：00H ~ 7FH（0 ~ 127）单元组成的 128 字节地址空间的 RAM 区；80H ~ FFH（128 ~ 255）单元组成的高 128 字节地址空间的特殊功能寄存器（又称 SFR）区。注意：80C32/80C52 单片机将这一高 128 字节作为 RAM 区。

在 80C51、87C51 和 80C31 单片机中，只有低 128 字节的 RAM 区和 128 字节的特殊功能寄存器区的地址空间是相连的，特殊功能寄存器（SFR）地址空间为 80H ~ FFH。注意：128 字节的 SFR 区中只有 26 个字节是有定义的，若访问的是这一区中没有定义的单元，则得到的是一个随机数。

（1）工作寄存器区。

内部 RAM 区中不同的地址区域功能结构如图 2 - 3 所示。图中，00H ~ 1FH（0 ~ 31）共 32 个单元是四个通用工作寄存器区，每一个区有八个工作寄存器，编号为 R0 ~ R7，每一区中 R0 ~ R7 的地址见表 2 - 1。

第 2 章 MCS-51 单片机结构和原理 21

通用RAM区	地址范围30H~7FH
位寻址区（位地址00~7H）	地址范围20H~2FH
工作寄存器区3（R0~R7）	地址范围18H~1FH
工作寄存器区2（R0~R7）	地址范围10H~17FH
工作寄存器区1（R0~R7）	地址范围08H~0FH
工作寄存器区0（R0~R7）	地址范围00H~07H

图 2-3 MCS-51 内部 RAM 存储器结构

表 2-1 寄存器和 RAM 地址对照表

0 区		1 区		2 区		3 区	
地址	寄存器	地址	寄存器	地址	寄存器	地址	寄存器
00H	R0	08H	R0	10H	R0	18H	R0
01H	R1	09H	R1	11H	R1	19H	R1
02H	R2	0AH	R2	12H	R2	1AH	R2
03H	R3	0BH	R3	13H	R3	1BH	R3
04H	R4	0CH	R4	14H	R4	1CH	R4
05H	R5	0DH	R5	15H	R5	1DH	R5
06H	R6	0EH	R6	16H	R6	1EH	R6
07H	R7	0FH	R7	17H	R7	1FH	R7

当前程序使用的工作寄存区是由程序状态字 PSW（特殊功能寄存器，字节地址为 0D0H）中的 D4、D3 位（RS1 和 RS0）来指示的，PSW 的状态和工作寄存区对应关系见表 2-2。

表 2-2 工作寄存器区选择

PSW.4（RS1）	PSW.3（RS0）	当前使用的工作寄存器区 R0~R7
0	0	0 区　（00~07H）
0	1	1 区　（08~0FH）
1	0	2 区　（10~17H）
1	1	3 区　（18~1FH）

CPU 通过对 PSW 中的 D4、D3 位内容的修改，就能任选一个工作寄存器区，例如

```
SETB    PSW.3
CLR     PSW.4                    ;选定第1区
SETB    PSW.4
CLR     PSW.3                    ;选定第2区
SETB    PSW.3
SETB    PSW.4                    ;选定第3区
```

不设定为第0区，也叫默认值，这个特点使 MCS-51 具有快速现场保护功能。需要特别注意的是，如果不加设定，在同一段程序中，R0~R7 只能用一次，若用两次程序会出错。

如果用户程序不需要四个工作寄存器区，则不用的工作寄存器单元可以作一般的 RAM 使用。

（2）位寻址区。

内部 RAM 的 20H~2FH 为位寻址区，见表 2-3。这 16 个单元和每一位都有一个位地址，位地址范围为 00H~7FH。位寻址区的每一位都可以视作软件触发器，由程序直接进行位处理。通常把各种程序状态标志、位控制变量设在位寻址区内。同样，位寻址区的 RAM 单元也可以作一般的数据缓冲器使用。

表 2-3 RAM 寻址区位地址映象

字节地址	位 地 址							
	D7	D6	D5	D4	D3	D2	D1	D0
2FH	7F	7E	7D	7C	7B	7A	79	78
2EH	77	76	75	74	73	72	71	70
2DH	6F	6E	6D	6C	6B	6A	69	68
2CH	67	66	65	64	63	62	61	60
2BH	5F	5E	5D	5C	5B	5A	59	58
2AH	57	56	55	54	53	52	51	50
29H	4F	4E	4D	4C	4B	4A	49	48
28H	47	46	45	44	43	42	41	40
27H	3F	3E	3D	3C	3B3	3A	39	38
26H	37	36	35	34	33	32	31	30
25H	2F	2E	2D	2C	2B	2A	29	28
24H	27	26	25	24	23	22	21	20
23H	1F	1E	1D	1C	1B	1A	19	18
22H	17	16	15	14	13	12	11	10
21H	0F	0E	0D	0C	0B	0A	09	08
20H	07	06	05	04	03	02	01	00

(3) 通用 RAM 区。

位寻址区之后的 30H~7FH 为通用 RAM 区。这些单元可以作为数据缓冲区使用。这一区域的操作指令非常丰富,数据处理方便灵活。

在实际应用中,堆栈一般设在 30H~7FH 之内。栈顶的位置由堆栈指针 SP 指示。复位时 SP 的初值为 07H,在系统初始化时通常要重新设置。

2) 外部数据存储器

MCS-51 具有扩展 64K 字节外部数据存储器和 I/O 口的能力,这对很多应用领域已足够,对外部数据存储器的访问采用 MOVX 指令,用间接寻址方式,R0、R1 和 DPTR 都可作间址寄存器。

若系统较小,内部的 RAM (30H~7FH) 足够的话,就不要再扩展外部数据存储器 RAM。若确实要扩展就用串行数据存储器 24C 系列,也可用并行数据存储器。

3. 特殊功能寄存器

MCS-51 单片机内的锁存器、定时器、串行口数据缓冲器以及各种控制寄存和状态寄存器都是以特殊功能寄存器的形式出现的,它们分散地分布在内部 RAM 地址空间范围。

表 2-4 列出了这些特殊功能存储器的助记标识符、名称及地址,其中大部分寄存器的应用将在后面有关章节中详述,这里仅作简单介绍。

1) 累加器 A

最常用的特殊功能寄存器,大部分单操作数指令的操作数取自累加器,很多双操作数指令的一个操作数取自累加器。加、减、乘、除算术运算指令的运算结果都存放在累加器 A 或 A、B 寄存器对中。指令系统中用 A 作为累加器的助记符。

2) 寄存器 B

寄存器 B 是乘除法指令中常用的寄存器。乘法指令的两个操作数分别取自 A 和 B,其结果存放在 A、B 寄存器对中。除法指令中,被除数取自 A,除数取自 B,商数存放于 A,余数存放于 B。

在其他指令中,寄存器 B 可作为 RAM 中的一个单元来使用。

3) 程序状态字 PSW

程序状态字 PSW 是一个 8 位寄存器,它包含了程序状态信息。此寄存器各位的含义说明如下:

CY	AC	F0	RS1	RS0	OV	—	P

(1) CY (PSW.7) 进位标志。在执行某些算术和逻辑指令时,可以被硬件或软件置位或清零。

表2-4 特殊功能寄存器

序号	特殊功能寄存器符号	名 称	字节地址	位地址	复位值
1	P0	P0口	80H	87H~80H	FFH
2	SP	堆栈指针	81H	—	07H
3	DP0L	数据指针DPTR0低字节	82H		00H
4	DP0H	数据指针DPTR0高字节	83H		00H
5	DP1L	数据指针DPTR1低字节	84H		00H
6	DP1H	数据指针DPTR1高字节	85H		00H
7	PCON	电源控制寄存器	87H		0×××0000B
8	ICON	定时器/计数器控制寄存器	88H	8FH~88H	00H
9	TMOD	定时器/计数器方式控制	89H		00H
10	TL0	定时器/计数器0（低字节）	8AH		00H
11	TL1	定时器/计数器1（低字节）	8BH		00H
12	TH0	定时器/计数器0（高字节）	8CH		00H
13	TH1	定时器/计数器1（高字节）	8DH		00H
14	AUXR	辅助寄存器	8EH	—	××00××0B
15	P1	P1口寄存器	90H	97H~90H	FFH
16	SCON	串行控制寄存器	98H	9FH~98H	00H
17	SBUF	串行发送数据缓冲器	99H	—	×××× ××××B
18	P2	P2口寄存器	A0H	A7H~A0H	FFH
19	AUXR1	辅助寄存器	A2H		×××× ××0B
20	WDTRST	看门狗复位寄存器	A6H	—	×××× ×××B
21	IE	中断允许控制寄存器	A8H	AFH~A8H	0××0 0000B
22	P3	P3口寄存器	B0H	B7H~B0H	FFH
23	IP	中断优先级控制寄存器	B8H	BFH~B8H	××00 0000B
24	PSW	程序状态字寄存器	D0H	D7H~D0H	00H
25	A（或A_{CC}）	累加器	E0H	E7H~E0H	00H
26	B	寄存器	F0H	F7H~F0H	00H

（2）AC（PSW.6）辅助进位标志。当进行加法或减法操作出现由低4位数（BCD码一位）向高4位数进位或借位时，AC将被硬件置位，否则就被清零。AC被用于BCD码调整。

（3）F0（PSW.5）用户标志位。F0是用户定义的一个状态标记，用软件来使它置位或清零。该标志位状态一经设定，可由软件测试F0以控制程序的流向。

（4）RS1、RS0（PSW.4、PSW.3）寄存器区选择控制位。可以用软件来置位或清零以确定工作寄存器区。RS1、RS0 与寄存器区的对应关系见表 2 - 3。

(5) OV (PSW.2) 溢出标志。当执行算术指令时，由硬件置位或清零，以指示溢出状态。

当执行加法指令 ADD 时，位 6 向位 7 有进位而位 7 不向 CY 进位时，或位 6 不向位 7 进位而位 7 向 CY 进位时，溢出标志 OV 置位；否则清零。

溢出标志常用于 ADD 和 SUBB 指令对带符号数作加减运算，OV = 1 表示加减运算的结果超出了目的寄存器 A 所能表示的带符号数（2 的补码）的范围（ - 128 ~ + 127），参见第 3 章中关于 ADD 和 SUBB 指令的说明。

在 MCS - 51 中，无符号数乘法指令 MUL 的执行结果也会影响溢出标志。若置于累加器 A 和寄存器 B 的两个数的乘积超过 255 时，OV = 1；否则 OV = 0。此积的高 8 位放在 B 内，低 8 位放在 A 内。因此，OV = 0 意味着只要从 A 中取得乘积即可，否则要从 B、A 寄存器对中取得乘积。

除法指令 DIV 也会影响溢出标志。当除数为 0 时，OV = 1；否则 OV = 0。

(6) P (PSW.0) 奇偶标志。每个指令周期都由硬件来置位或清零，以表示累加器 A 中 1 的位数的奇偶数。若 1 的位数为奇数，P 置 "1"；否则 P 清零。

P 标志位对串行通信中的数据传输有重要的意义，在串行通信中常用奇偶校验的办法来检验数据传输的可靠性。在发送端可根据 P 的值对数据的奇偶置位或清零。通信协议中规定采用奇校验的办法，即 P = 0 时，应对数据（假定由 A 取得）的奇偶位置位，否则清零。

4) 堆栈指针 SP

堆栈指针 SP 是一个 8 位特殊功能寄存器。它指示出堆栈顶部在内部 RAM 中的位置。系统复位后，SP 初始化为 07H，使得堆栈事实上由 08H 单元开始。考虑到 08H ~ 1FH 单元分属于工作寄存器区，若程序设计中要用到这些区，则最好把 SP 值改置为 1FH 或更大的值，SP 的初始值越小，堆栈深度就可以越深。堆栈指针的值可以由软件改变，因此堆栈在内部 RAM 中的位置比较灵活。

除用软件直接改变 SP 值外，在执行 PUSH、POP 指令，各种子程序调用，中断响应，子程序返回（RET）和中断返回（RETI）等指令时，SP 值将自动调整。

5) 数据指针 DPTR

数据指针 DPTR 是一个 16 位特殊功能寄存器，其高位字节寄存器用 DPH 表示，低位字节寄存器用 DPL 表示，既可以作为一个 16 位寄存器 DPTR 来处理，也可以作为两个独立的 8 位寄存器 DPH 和 DPL 来处理。

DPTR 主要用来存放 16 位地址，当对 64KB 外部存储器寻址时，可作为间址寄存器用。可以用下列两条传送指令：MOVX A, @ DPTR 和 MOVX @ DPTR, A。在访问程序存储器时，DPTR 可用作基址寄存器，有一条采用基址 + 变址寻址方式的指令 MOVC A, @ A + DPTR，常用于读取存放在程序存储器内的表格常数。

6）端口 P0~P3

特殊功能寄存器 P0、P1、P2 和 P3 分别是 I/O 端口 P0~P3 的锁存器。P0~P3 作为特殊功能寄存器还可用直接寻址方式参与其他操作指令。

7）串行数据缓冲器 SBUF

串行数据缓冲器 SBUF 用于存放欲发送或已接收的数据，它实际上由两个独立的寄存器组成：一个是发送缓冲器；另一个是接收缓冲器。当要发送的数据传送到 SBUF 时，进的是发送缓冲器；当要从 SBUF 读数据时，则取自接收缓冲器，取走的是刚接收到的数据。

8）定时器/计数器

MCS-51 系列中有两个 16 位定时器/计数器 T0 和 T1。它们各由两个独立的 8 位寄存器组成，共有四个独立的寄存器：TH0，TL0，TH1，TL1。可以对这四个寄存器寻址，但不能把 T0、T1 当作一个 16 位寄存器来寻址。

9）其他控制寄存器

IP、IE、TMOD、TCON、SCON 和 PCON 寄存器分别包含中断系统、定时器/计数器、串行口和供电方式的控制和状态位，这些寄存器将在以后有关章节中叙述。

2.1.4 并行 I/O 端口结构及操作

MCS-51 单片机设有四个 8 位双向 I/O 端口（P0、P1、P2、P3），每一条 I/O 线都能独立地用作输入或输出。P0 口为三态双向口，能带 8 个 LSTTL 电路。P1 口、P2 口、P3 口为准双向口（在用作输入线时，口锁存器必须先写入"1"，故称为准双向口），负载能力为 4 个 LSTTL 电路。

1）P0 端口功能（P0.0~P0.7、32~39 脚）

图 2-4 是 P0 口位结构，包括一个输出锁存器、两个三态缓冲器、一个输出驱动电路和一个输出控制端。输出驱动电路由一对场效应管组成，其工作状态受输出端的控制，输出控制端由一个与门、一个反相器和一个转换开关 MUX 组成。对 8051/8751 来讲，P0 口既可作为输入输出口，又可作为地址/数据总线使用。

（1）P0 口作地址/数据复用总线使用。

若从 P0 口输出地址或数据信息，此时控制端应为高电平，转换开关 MUX 将反相器输出端与输出级场效应管 V2 接通，同时与门开锁，内部总线上的地址或数据信号通过与门去驱动 V1 管，又通过反相器去驱动 V2 管，这时内部总线上的地址或数据信号就传送到 P0 口的引脚上。工作时，低 8 位地址与数据线分时使用 P0 口。低 8 位地址由 ALE 信号的负跳变使它锁存到外部地址锁存器中，而

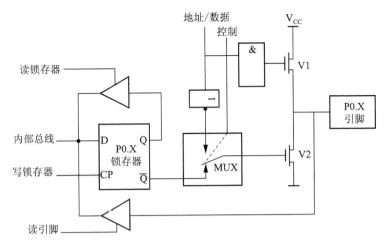

图 2-4 P0 口位结构

高 8 位地址由 P2 口输出。

(2) P0 口作通用 I/O 端口使用。

对于有内部 ROM 的单片机，P0 口也可以作通用 I/O，此时控制端为低电平，转换开关把输出级与锁存器的 Q 端接通，同时因与门输出为低电平，输出级 V1 管处于截止状态，输出级为漏极开路电路，在驱动 NMOS 电路时应外接上拉电阻。作输入口用时，应先将锁存器写"1"，这时输出级两个场效应管均截止，可作高阻抗输入，通过三态输入缓冲器读取引脚信号，从而完成输入操作。

(3) P0 口线上的"读-修改-写"功能。

图 2-4 中一个三态缓冲器是为了读取锁存器 Q 端的数据。Q 端与引脚的数据是一致的。结构上这样安排是为了满足"读-修改-写"指令的需要，这类指令的特点是：先读口锁存器，随之可能对读入的数据进行修改再写到端口上。例如：ANL P0，A；ORL P0，A；XRL P0，A；…。

这类指令同样适用于 P1~P3 口，其操作是：先将口字节的全部 8 位数读入，再通过指令修改某些位，将新的数据写回到口锁存器中。

2) P1 口 (P1.0~P1.7、1~8 脚) 准双向口

(1) P1 口作通用 I/O 端口使用。

P1 口是一个有内部上拉电阻的准双向口，其位结构如图 2-5 所示。P1 口的每一位口线能独立用作输入线或输出线。作输出时，如将"0"写入锁存器，场效应管导通，输出线为低电平，即输出为"0"。因此在作输入时，必须先将"1"写入口锁存器，使场效应管截止。该口线由内部上拉电阻提拉成高电平，同时也能被外部输入源拉成低电平，即当外部输入"1"时，该口线为高电平，而输入"0"时，该口线为低电平。P1 口作输入时，可被任何 TTL 电路和 MOS

电路驱动,由于具有内部上拉电阻,也可以直接被集电极和漏极开路电路驱动,不必外加上拉电阻。P1 口可驱动四个 LSTTL 门电路。

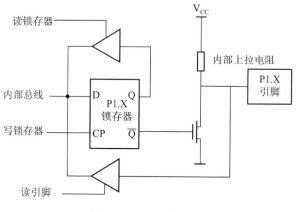

图 2-5　P1 口位结构

(2) P1 口其他功能。

P1 口在 EPROM 编程和验证程序时,它输入低 8 位地址;在 8032/8052 系列中 P1.0 和 P1.1 是多功能的,P1.0 可作定时器/计数器 2 的外部计数触发输入端 T2,P1.1 可作定时器/计数器 2 的外部控制输入端 T2EX。

3) P2 口 (P2.0~P2.7,21~28 脚) 准双向口

P2 口的位结构如图 2-6 所示,引脚上拉电阻同 P1 口。在结构上,P2 口比 P1 口多一个输出控制部分。

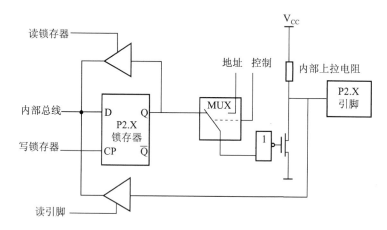

图 2-6　P2 口位结构

(1) P2 口作通用 I/O 端口使用。

当 P2 口作通用 I/O 端口使用时，是一个准双向口，此时转换开关 MUX 倒向左边，输出级与锁存器接通，引脚可接 I/O 设备，其输入输出操作与 P1 口完全相同。

(2) P2 口作地址总线口使用。

当系统中接有外部存储器时，P2 口用于输出高 8 位地址 A15～A8。这时在 CPU 的控制下，转换开关 MUX 倒向右边，接通内部地址总线。P2 口的口线状态取决于片内输出的地址信息，这些地址信息来源于 PCH、DPH 等。在外接程序存储器的系统中，由于访问外部存储器的操作连续不断，P2 口不断送出地址高 8 位。例如，在 8031 构成的系统中，P2 口一般只作地址总线口使用，不再作 I/O 端口直接连外部设备。

在不接外部程序存储器而接有外部数据存储器的系统中，情况有所不同。若外接数据存储器容量为 256B，则可使用 MOVX A，@Ri 类指令由 P0 口送出 8 位地址，P2 口上引脚的信号在整个访问外部数据存储器期间也不会改变，故 P2 口仍可作通用 I/O 端口使用。若外接存储器容量较大，则需用 MOVX A，@DPTR 类指令，由 P0 口和 P2 口送出 16 位地址。在读写周期内，P2 口引脚上将保持地址信息，但从结构可知，输出地址时，并不要求 P2 口锁存器锁存"1"，锁存器内容也不会在送地址信息时改变。故访问外部数据存储器周期结束后，P2 口锁存器的内容又会重新出现在引脚上。这样，根据访问外部数据存储器的频繁程度，P2 口仍可在一定限度内作一般 I/O 端口使用。P2 口可驱动四个 LSTTL 门电路。

4) P3 口（P3.0～P3.7、10～17 脚）双功能口

P3 口是一个多用途的端口，也是一个准双向口，作为第一功能使用时，其功能同 P1 口。P3 口的位结构如图 2-7 所示。

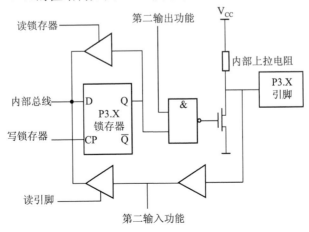

图 2-7 P3 口位结构

当作第二功能使用时,每一位功能定义如表2-5所示。P3口的第二功能实际上就是系统具有控制功能的控制线。此时,相应的口线锁存器必须为"1"状态,与非门的输出由第二功能输出线的状态确定,从而P3口线的状态取决于第二功能输出线的电平。在P3口的引脚信号输入通道中有两个三态缓冲器,第二功能的输入信号取自第一个缓冲器的输出端,第二个缓冲器仍是第一功能的读引脚信号缓冲器。P3口可驱动四个LSTTL门电路。

表2-5 P3口的第二功能

端口功能	第二功能
P3.0	RXD:串行输入(数据接收)口
P3.1	TXD:串行输出(数据发送)口
P3.2	$\overline{INT0}$:外部中断0输入线
P3.3	$\overline{INT1}$:外部中断1输入线
P3.4	T0:定时器0外部输入
P3.5	T1:定时器1外部输入
P3.6	$\overline{WR}$:外部数据存储器写选通信号输出
P3.7	$\overline{RD}$:外部数据存储器读选通信号输入

每个I/O端口内部都有一个8位数据输出锁存器和一个8位数据输入缓冲器,四个数据输出锁存器与端口号P0、P1、P2和P3同名,皆为特殊功能寄存器。因此,CPU数据从并行I/O端口输出时可以得到锁存,数据输入时可以得到缓冲。

四个并行I/O端口作为通用I/O口使用时,共有写端口、读端口和读引脚三种操作方式。写端口实际上就是输出的数据,将累加器A或其他寄存器中数据传送到端口锁存器中,然后由端口自动从端口引脚线上输出。读端口不是真正的从外部输入数据,而是将端口锁存器中输出的数据读到CPU的累加器。读引脚才是真正的输入外部数据的操作,是从端口引脚线上读入外部的输入数据。端口的上述三种操作实际上是通过指令或程序来实现的,这些将在以后章节中详细介绍。

2.2 MCS-51单片机的引脚及其片外总线

MCS-51单片机都采用40引脚的双列直插封装方式。图2-8为引脚排列图,40条引脚说明如下:

1)主电源引脚V_{SS}和V_{CC}

(1) V_{SS}：接地。

(2) V_{CC}：正常操作时为 +5V 电源。

2）外接晶振引脚 XTAL1 和 XTAL2

(1) XTAL1：内部振荡电路反相放大器的输入端，是外接晶体的一个引脚。当采用外部振荡器时，此引脚接地。

(2) XTAL2：内部振荡电路反相放大器的输出端。是外接晶体的另一端。当采用外部振荡器时，此引脚接外部振荡源。

3）控制或与其他电源复用引脚 RST/VPD、$\overline{\text{ALE/PROG}}$、$\overline{\text{PSEN}}$ 和 $\overline{\text{EA}}/V_{PP}$

(1) RST/V_{PD}：当振荡器运行时，在此引脚上出现两个机器周期的高电平（由低到高跳变），将使单片机复位。

在 V_{CC} 掉电期间，此引脚可接上备用电源，由 V_{PD} 向内部提供备用电源，以保持内部 RAM 中的数据。

(2) $\overline{\text{ALE/PROG}}$：正常操作时为 ALE 功能（允许地址锁存），把地址的低字节锁存到外部锁存器，ALE 引脚以不变的频率（振荡器频率的1/6）周期性地发出正脉冲信号。因此，它可用作对外输出的时钟，或用于定时目的。但要注意，每当访问外部数据存储器时，将跳过一个 ALE 脉冲，ALE 端可以驱动（吸收或输出电流）八个 LSTTL 电路。对于 EPROM 型单片机，在 EPROM 编程期间，此引脚接收编程脉冲（$\overline{\text{PROG}}$功能）。

(3) $\overline{\text{PSEN}}$：外部程序存储器读选通信号输出端，在从外部程序存储取指令（或数据）期间，$\overline{\text{PSEN}}$ 在每个机器周期内两次有效。$\overline{\text{PSEN}}$ 同样可以驱动八个 LSTTL 电路输入。

(4) $\overline{\text{EA}}/V_{PP}$：内部程序存储器和外部程序存储器选择端。当 $\overline{\text{EA}}/V_{PP}$ 为高电平时，访问内部程序存储器，当 $\overline{\text{EA}}/V_{PP}$ 为低电平时，则访问外部程序存储器。

对于 EPROM 型单片机，在 EPROM 编程期间，此引脚上加 21V EPROM 编程电源（V_{PP}）。

4）输入/输出引脚 P0.0~P0.7、P1.0~P1.7、P2.0~P2.7、P3.0~P3.7

(1) P0 口（P0.0~P0.7）是一个8位漏极开路型双向 I/O 口，在访问外部存储器时，它是分时传送的低字节地址和数据总线，P0 口能以吸收电流的方式驱动八个 LSTTL 负载。

(2) P1 口（P1.0~P1.7）是一个带有内部提升电阻的8位准双向 I/O 口，能驱动（吸收或输出电流）四个 LSTTL 负载。

(3) P2 口（P2.0~P2.7）是一个带有内部提升电阻的8位准双向 I/O 口，在访问外部存储器时，它输出高8位地址。P2 口可以驱动（吸收或输出电流）四个 LSTTL 负载。

(4) P3 口（P3.0~P3.7）是一个带有内部提升电阻的8位准双向 I/O 口，能驱动（吸收或输出电流）四个 LSTTL 负载。P3 口还用于第二功能，请参看表 2-1。

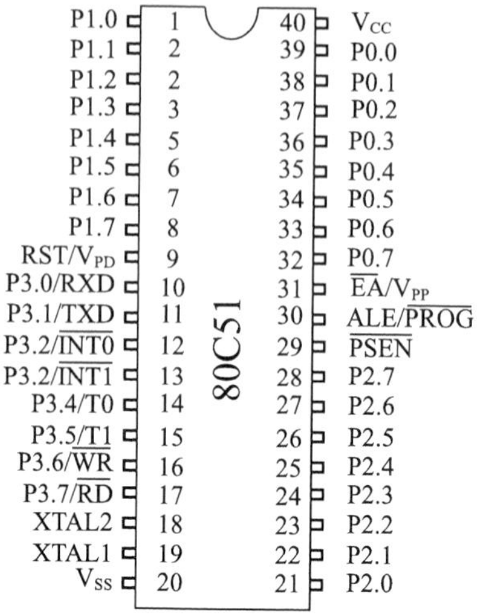

```
P1.0  1        40  V_CC
P1.1  2        39  P0.0
P1.2  2        38  P0.1
P1.3  3        37  P0.2
P1.4  5        36  P0.3
P1.5  6        35  P0.4
P1.6  7        34  P0.5
P1.7  8        33  P0.6
RST/V_PD  9    32  P0.7
P3.0/RXD 10    31  EA/V_PP
P3.1/TXD 11    30  ALE/PROG
P3.2/INT0 12   29  PSEN
P3.2/INT1 13   28  P2.7
P3.4/T0  14    27  P2.6
P3.5/T1  15    26  P2.5
P3.6/WR  16    25  P2.4
P3.7/RD  17    24  P2.3
XTAL2    18    23  P2.2
XTAL1    19    22  P2.1
V_SS     20    21  P2.0
```

图 2-8 80C51 单片机引脚封装

2.3 复位和复位电路

MCS-51 单片机的复位电路如图 2-9 所示。在 RESET（图中表示为 RST）输入端出现高电平时实现复位和初始化。

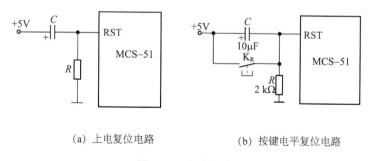

(a) 上电复位电路   (b) 按键电平复位电路

图 2-9 复位电路

在振荡运行的情况下，要实现复位操作，必须使 RST 引脚至少保持两个机器周期（24 个振荡器周期）的高电平。CPU 在第二个机器周期内执行内部复位操作，以后每一个机器周期重复一次，直至 RST 端电平变低。复位期间不产生 ALE 及 PSEN 信号。内部复位操作使堆栈指示器 SP 为 07H，各端口都为 1（P0～P3 口的内容均为 0FFH），特殊功能寄存器都复位为 0，但不影响 RAM 的状态。当 RST 引脚返回低电平以后，CPU 从 0 地址开始执行程序。复位后，各内部寄存状态如表 2-6 所示。

表 2-6 特殊功能寄存器复位初始值

寄存器	内容
PC	0000H
A_{CC}	00H
B	00H
PSW	00H
SP	07H
DPTR	0000H
P0~P3	0FFH
IP	×××00000
IE	0××00000
TMOP	00H
TCON	00H
TH_0	00H
TL_0	00H
TH_1	00H
TL_1	00H
SCON	00H
SBUF	不定
PCON	0×××××××

图 2-9 (a) 为加电自动复位电路。加电瞬间, RST 端的电位与 Vcc 相同, 随着 RC 电路充电电流的减小 RST 的电位下降, 只要 RST 端保持 10ms 以上的高电平就能使 MCS-51 单片机有效地复位, 复位电路中的 RC 参数通常由实验调整。当振荡频率选用 6MHz 时, C 选 $22\mu F$, R 选 $1k\Omega$, 便能可靠地实现加电自动复位。若采用 RC 电路接斯密特电路的输入端, 斯密特电路输出端接 MCS-51 和外围电路的复位端, 能使系统可靠地同步复位。图 2-9 (b) 为人工复位电路。

2.4 CPU 的时钟与时序

2.4.1 时钟电路

MCS-51 单片机片内设有一个由反向放大器构成的振荡电路, XTAL1 和 XTAL2 分别为振荡电路的输入和输出端, 时钟可以由内部方式产生或外部方式产生。内部方式时钟电路如图 2-10 所示。在 XTAL1 和 XTAL2 引脚上外接定时元件, 内部振荡电路就产生自激振荡。定时元件通常采用石英晶体和电容组

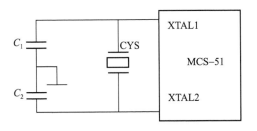

图 2-10 内部方式时钟电路

成的并联谐振回路。晶振可以在1.2~12MHz之间选择,电容值在5~30PF之间选择,电容的大小可起频率微调作用。

外部方式的时钟很少用,若要用时,只要将XTAL1接地,XTAL2接外部振荡器就行。对外部振荡信号无特殊要求,只要保证脉冲宽度,一般采用频率低于12MHz的方波信号。

时钟发生器把振荡频率分为两个频率,产生一个两相时钟信号P_1和P_2供单片机使用。P_1在每一个状态的前半部分有效,P_2在每个状态的后半部分有效。

2.4.2 时　序

MCS-51单片机典型的指令周期(执行一条指令的时间称为指令周期)为一个机器周期,一个机器周期由六个状态(十二振荡周期)组成。每个状态又被分成两个时相P_1和P_2。所以,一个机器周期可以依次表示为S_1P_1,S_1P_2,…,S_6P_1,S_6P_2。通常算术逻辑操作在P_1时相进行,而内部寄存器传送在P_2时相进行。

图2-11给出了80C51单片机的取指和执行指令的定时关系。这些内部时钟信号不能从外部观察到,所以用XTAL2振荡信号作参考。在图2-11中可看到,低8位地址的锁存信号ALE在每个机器周期中两次有效:一次在S_1P_2与S_2P_1期间;另一次在S_4P_2与S_5P_1期间。

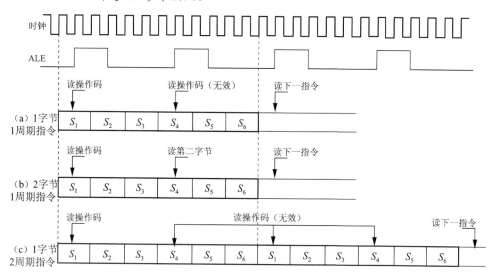

图2-11　80C51时序

对于单周期指令,当操作码被送入指令寄存器时,便从S_1P_2开始执行指令。如果是双字节单机器周期指令,则在同一机器周期的S_4期间读入第二个字节;若是单字节单机器周期指令,则在S_4期间仍进行读,但所读的这个字节操作码被忽略,程序计数器也不加1,在S_6P_2结束时完成指令操作。图2-11(a)和

图 2-11 (b) 给出了单字节单机器周期和双字节单机器周期指令的时序。80C51 指令大部分在一个机器周期完成。乘 (MUL) 和除 (DIV) 指令是仅有的需要两个以上机器周期的指令，占用四个机器周期。对于双字节单机器周期指令，通常是在一个机器周期内从程序存储器中读入两个字节，唯有 MOVX 指令例外。MOVX 是访问外部数据存储器的单字节双机器周期指令。在执行 MOVX 指令期间，外部数据存储器被访问且被选通时跳过两次取指操作。图 2-11 (c) 给出了一般单字节双机器周期指令的时序。

习题与思考题

1. MCS-51 系列单片机内部有哪些主要的逻辑部件？
2. MCS-51 设有 4 个 8 位进行端口（32 条 I/O 线），实际应用中 8 位数据信息由哪一个端口传送？16 位地址线怎样形成？P3 口有何功能？
3. MCS-51 的存储器结构与一般的微型计算机有何不同？程序存储器和数据存储器各有何功用？
4. MCS-51 内部 RAM 区功能结构如何分配？4 组工作寄存器使用时如何选用？位寻址区域的字节地址范围是多少？
5. 特殊功能寄存器中哪些寄存器可以位寻址？它们的字节地址是什么？
6. 简述程序状态字 PSW 中各位的含义。
7. MCS-51 单片机晶振频率分别为 6MHZ、11.0592MHZ、12MHZ 时，机器周期分别为多少？

项目二

片上资源认知实训

一、项目目标

【能力目标】

能使用 μVision3 软件对单片机应用系统源程序进行程序的编辑、编译及调试。

【知识目标】

掌握 μVision3 软件的单步命令及片上基本资源观察方法。

二、项目要求

利用 μVision3 软件对项目二进行创建、编译及调试。

三、项目实施

（1）建立一个工程，加入下面程序：

```
      ORG  0000H
      LJMP MAIN
      ORG  0040H
MAIN: MOV  A, #01H
LOOP: MOV  P1, A
      RL   A
      AJMP LOOP
      END
```

（2）执行 Project→Build target 命令，生成目标文件（.hex）。修改程序段生成 10B 的代码：02H、00H、40H、74H、01H、F5H、90H、23H、00H、42H，在代码窗口观察这些指令代码。

（3）按 F11，执行单步命令：

①在寄存器区观察 A、PC 的变化；

②在 Peripherals→I/O‑Ports→Port1 窗口观察 P1 口状态的变化；

③在内部 RAM 区观察地址 0x90 处的内容（即 P1 口锁存器）。

四、能力训练

（1）用 μVision3 软件对项目二中的源程序进行编辑、编译，并生成可执行的目标文件。

（2）用 μVision3 软件对项目二进行软件仿真运行，观察运行结果。

第 3 章

MCS–51 指令系统

计算机是高度自动化的机器，它能在程序控制下自动进行运算和事务处理。整个过程是由 CPU 中的控制器控制的。一般情况下，控制器按顺序自动连续地执行存放在存储器中的指令，而每一条指令执行某种操作。计算机能直接识别的只能是由 0 和 1 编码组成的指令，也称为机器语言指令，这种编码称为机器码，由机器码编制的计算机能识别和执行的程序称为目的程序。

3.1 指令格式及常用符号

计算机能直接识别和执行的指令是二进制编码指令，称为机器指令。机器指令不便于记忆和阅读。为了编写程序的方便，人们采用便于记忆的符号（助记符）来表示机器指令。从而形成了所谓的符号指令。符号指令是机器指令的符号表示，所以它和机器指令一一对应。符号指令必须转换成机器指令后，单片机才能识别和执行。

3.1.1 机器指令的字节编码形式

单片机的每一条指令包含两个基本部分：操作码和操作数。操作码表明指令要执行的操作性质；操作数表明参与操作的数据或数据所存放的地址。

MCS–51 单片机的机器语言指令根据其指令编码长短的不同有单字节指令、双字节指令和三字节指令三种格式。

1. 单字节指令（49 条）

单字节指令格式由 8 位二进制编码表示。有两种形式：

（1）8 位全表示操作码。例如，空操作指令 NOP，其机器码为

| 0 | 0 | 0 | 0 | 0 | 0 | 0 | 0 |

（2）8 位编码中包含操作码和寄存器编码。例如

```
        MOV  A,Rn
```

这条指令的功能是把寄存器 Rn（n = 0, 1, 2, 3, 4, 5, 6, 7）中的内容送

到累加器 A 中去，其机器码为

操作码　寄存器编码

假设 $n=0$，寄存器编码为 $Rn=000$（参见指令表），则指令 MOV A, R0 的机器码为 E8H，其中操作 11101 表示执行把寄存器中的数据传送到 A 中去的操作。000 为 R0 寄存器编码。

2. 双字节指令（45 条）

双字节指令格式中，指令的编码由两个字节组成，该指令存放在存储器时需占用两个存储器单元。例如

```
MOV A, #DATA
```

这条指令的功能是将立即数 DATA 送到累加器 A 中去。假设立即数 DATA = 85H，则其机器码为

| 第一字节 | 0 1 1 1 0 1 0 0 | 操作码 |
| 第二字节 | 1 0 0 0 0 1 0 1 | 操作数（立即数 85H） |

3. 三字节指令（17 条）

三字节指令格式中第一个字节为操作码，其后两个字节为操作数。例如

```
MOV direct, #DATA
```

这条指令是指将立即数 DATA 送到地址为 direct 的单元中去。假设 direct = 78H，DATA = 80H，则 MOV 78H, #80H 指令的机器码为

第一字节	0 1 1 1 0 1 0 1	操作码
第二字节	0 1 1 1 1 0 0 0	第一操作数（目的地址）
第三字节	1 0 0 0 0 0 0 0	第二操作数（立即数）

由于用二进制编码表示的机器语言指令不便阅读理解和记忆，因此在微机控制系统中采用汇编语言（用助记符和专门的语言规则表示指令的功能和特征）指令来编写程序。

3.1.2 符号指令的书写格式

1. 书写格式

一条汇编语言指令中最多包含四个区段，如下所示：

[标号:]操作码助记符[目的操作数][，源操作数][；注释]

例如，把立即数F0H送累加器的指令为

  START：MOV A，#0F0H   ； 立即数F0H→A

标号区段是由用户定义的符号组成，必须用英文大写字母开始。标号区段可缺省。若一条指令中有标号区段，标号代表该指令第一个字节所存放的存储器单元的地址，故标号又称为符号地址，在汇编时，把该地址赋值给标号。

操作码区段是指令要操作的数据信息。根据指令的不同功能，操作数可以有三个、两个、一个或没有操作数。上例中操作数区段包含两个操作数 A 和#0F0H，它们之间由逗号分隔开。其中，第二个操作数为立即数F0H，它是用十六进制数表示的以字母开头的数据，为区别于操作数区段出现的字符，故以字母开始的十六进制数据前面都要加0，把立即数F0H写成0F0H（这里 H 表示此数为十六进制数，若用二进制，则用 B 表示，十进制用 D 或省略）。

操作数表示参加操作的数本身或操作数所在的地址。

注释区段可缺省，对程序功能无任何影响，只用来对指令或程序段作简要的说明，便于他人阅读，在调试程序时也会带来很多方便。

值得注意的是，汇编语言程序不能被计算机直接识别并执行，必须经过一个中间环节把它翻译成机器语言程序，这个中间过程叫做汇编。汇编有两种方式：机器汇编和手工汇编。机器汇编是用专门的汇编程序，在计算机上进行翻译；手工汇编是编程员把汇编语言指令通过查指令表逐条翻译成机器语言指令。目前人们主要使用机器汇编，但有时也用到手工汇编。

2. 描述符号

Rn（n = 0 ~ 7）：当前工作寄存器组中的寄存器 R0 ~ R7 之一；
Ri（i = 0，1）：当前工作寄存器组中的寄存器 R0 或 R1；
@：   间址寄存器前缀；
#data：   8 位立即数；
#data16： 16 位立即数；
direct：   片内低 128 个 RAM 单元地址及 SFR 地址；
addr11： 11 位目的地址；
addr16： 16 位目的地址；
rel：   8 位地址偏移量，范围：-128 ~ +127；

bit：　　　　　片内 RAM 位地址、SFR 的位地址；
（×）：　　　　表示 × 地址单元或寄存器中的内容；
（(X)）：　　　表示以 X 单元的内容为地址的存储器单元内容，即（X）
　　　　　　　作地址，该地址单元的内容用((X))表示；
/：　　　　　　位操作数的取反操作前缀；
DPTR：　　　　数据指针，用作 16 位的地址寄存器；
A：　　　　　　累加器；
B：　　　　　　特殊功能寄存器，专用于乘（MUL）和除（DIV）指令中；
C：　　　　　　进位标志或进位位。

3.2　MCS - 51 的寻址方式

在带有操作数的指令中，数据可能就在指令中，也有可能在寄存器或存储器中，甚至在 I/O 口中。对此设备内的数据要正确进行操作就要在指令中指出其地址，寻找操作数地址的方法称为寻址方式。寻址方式的多少及寻址功能强弱是指令系统性能优劣的重要标志。

MCS - 51 指令系统的寻址方式有下列几种：

（1）立即寻址。
（2）直接寻址。
（3）寄存器寻址。
（4）寄存器间接寻址。
（5）基寄存器加变址寄存器间接寻址。
（6）相对寻址。
（7）位寻址。

下面逐一介绍各种寻址方式。

3.2.1　立即寻址

立即寻址方式是操作数包含在指令字节中，指令操作码后面字节的内容就是操作数本身，汇编指令中，在一个数的前面冠以"#"符号作前缀，就表示该数为立即寻址。例如

```
机器码          助记符              注释
74  70         MOV A, #70H         ;70H→A
```

指令功能是将立即数 70H 送入累加器 A，这条指令为双字节指令，操作数本身 70H 跟在操作码 74H 后面，以指令形式存放在程序存储器内。

在 MCS-51 指令系统中还有一条立即数为双字节的指令：

  机器码   助记符   注释
  90 82 00   MOV DPTR,#8200H ;82H→DPH,00H→DPL

这条指令存放在程序存储器中占三个存储单元。

请注意，在 MCS-51 汇编语言指令中，#data 表示 8 位立即数，$\#data_{16}$ 表示 16 位立即数，立即数前面必须有符号"#"，上述两例写成一般格式为

  MOV A,#data
  MOV DPTR,$\#data_{16}$

3.2.2 直接寻址

在指令中含有操作数的直接地址，该地址指出了参与操作的数据所在的字节地址或位地址。

直接寻址方式中操作数存储的空间有三种：
(1) 内部数据存储器的低 128 个字节单元（00H~7FH），例如

  MOV A,70H   ;(70H)→A

指令功能是把内部 RAM70H 单元中的内容送入累加器 A。
(2) 位地址空间，例如

  MOV C,00H   ;直接位 00H 内容→进位位

(3) 功能寄存器。特殊功能寄存器只能用直接寻址方式进行访问。例如

  MOV IE,#85H   ;立即数 85H→中断允许寄存器 IE

IE 为特殊功能寄存器，其字节地址为 A8H。一般在访问 SFR 时，可在指令中直接使用该寄存器的名字来代替地址。

3.2.3 寄存器寻址

由指令指出某一个寄存器中的内容作为操作数，这种寻址方式称为寄存器寻址。寄存器寻址按所选定的工作寄存器 R0~R7 进行操作，指令机器码的低 3 位的 8 种组合 000,001,…,110,111 分别指明所用的工作寄存器 R0,R1,…,R6,R7。例如，MOV A,Rn (n = 0~7)，这 8 条指令对应的机器码分别为 E8H~EFH。例如

  INC R0   ;(R0)+1→R0

指令功能是对寄存器 R0 进行操作，使其内容加 1。

3.2.4 寄存间接寻址

由指令指出某一个寄存器的内容作为操作数的地址，这种寻址方式称为寄存器间接寻址。这里要注意，在寄存器间接寻址方式中，存放在寄存器中的内容不是操作数，而是操作数所在的存储器单元地址，寄存器起地址指针的作用，寄存器间接寻址用符号"@"表示。

寄存器间接寻址只能使用寄存器 R0 或 R1 作为地址指针，来寻址内部 RAM（00H～FFH）中的数据。

寄存器间接寻址也适用于访问外部 RAM，此时可使用 R0，R1 或 DPTR 作为地址指针。例如

```
MOV    A, @ R0          ;((R0))→A
```

指令功能是把 R0 所指出的内部 RAM 单元中的内容送累加器 A。若 R0 内容为 60H，而内部 RAM 60H 单元中的内容是 3BH，则指令 MOV A, @ R0 的功能是将 3BH 这个数送到累加器 A，如图 3-1 所示。

图 3-1　寄存间接寻址方式

3.2.5 基址寄存器加变址寄存器间接寻址

这种寻址方式用于访问程序存储器中的数据表格，它把基址寄存器（DPTR 或 PC）和变址寄存器 A 的内容作为无符号数相加形成 16 位的地址，访问程序存储器中的数据表格。例如

```
MOVC   A, @ A + DPTR        ;((DPTR) + (A))→A
MOVC   A, @ A + PC          ;((PC) + (A))→A
```

A 中为无符号数，指令功能是 A 的内容和 DPTR 或当前 PC 的内容相加得到程序存储器的有效地址，把该存储器单元中的内容送到 A。

3.2.6 相 对 寻 址

这类寻址方式是以当前 PC 的内容作为基地址，加上指令中给定的偏移量所得结果作为转移地址，它只适用于双字节转移指令。偏移量是带符号数，在

-128～+127 内，用补码表示。例如

```
JC   rel              ;(C)=1 跳转
```

第一字节为操作码，第二字节就是相对于程序计数器 PC 当前地址的偏移量 rel。若转移指令操作码存放在 1000H 单元，偏移量存放在 1001H 单元，该指令执行后 PC 已为 1002H。若偏移量 rel 为 05H，则转移到的目标地址为 1007H，即当 C=1 时，将执行 1007H 单元中的指令。

3.2.7 位 寻 址

对内部 RAM 和特殊功能寄存器具有位寻址功能的某位内容进行置 1 和清零操作。位地址一般以直接位地址给出，位地址符号为"bit"。例如

```
MOV   C, bit
```

其具体指令：MOV C，40H，即把位地址为 40H 的值送到进位位 C。

由于 MCS-51 单片机具有位处理功能，可直接对数据位方便地实现置 1、清零、求反、传送、判跳和逻辑运算等操作，为测控系统的应用提供了最佳代码和最快速度，增强了实时性。

3.3 数据传送类指令

数据传送指令（共 29 条）一般的操作是把源操作数传送到指令所指定的目标地址，指令执行后，源操作数不变，目的操作数被源操作数代替。数据传送是一种最基本的操作，数据传送指令是编程时使用最频繁的指令，其性能对整个程序的执行效率起很大的作用。在 MCS-51 单片机指令系统中，数据传送指令非常灵活，它可以把数据方便地传送到数据存储器和 I/O 口中。

1. 以累加器为目的操作数的指令

```
MOV  A, Rn              ;(Rn)→A, n=0~7
MOV  A, @Ri             ;((Ri))→A  i=0, 1
MOV  A, direct          ;(direct)→A
MOV  A, #data           ;#data→A
```

把源操作数内容送累加器 A，源操作数有寄存器寻址、直接寻址、间接寻址和立即数寻址等方式，例如

```
MOV  A, R6              ;(R6)→A, 寄存器寻址
```

```
MOV   A, @R0              ; ((R0))→A, 间接寻址
MOV   A, 70H              ; (70H)→A, 直接寻址
MOV   A, #78H             ; 78H→A, 立即数寻址
```

2. 以 Rn 为目的操作数的指令

```
MOV   Rn, A               ; (A)→Rn, n=0~7
MOV   Rn, direct          ; (direct)→Rn, n=0~7
MOV   Rn, #data           ; #data→Rn, n=0~7
```

把源操作数送入当前寄存器区的 R0~R7 中的某一寄存器。

3. 以直接地址 direct 为目的操作数的指令

```
MOV   direct, A           ; (A)→direct
MOV   direct, Rn          ; (Rn)→direct, n=0~7
MOV   direct1, direct2    ; (direct2)→direct1
MOV   direct, @Ri         ; ((Ri))→direct, i=0,1
MOV   direct, #data       ; #data→direct
```

把源操作数送入直接地址指定的存储单元。direct 指的是内部 RAM 或 SFR 地址。

4. 以寄存器间接地址为目的操作数的指令

```
MOV   @Ri, A              ; (A)→((Ri)), i=0,1
MOV   @Ri, direct         ; (direct)→((Ri)), i=0,1
MOV   @Ri, #data          ; #data→((Ri)), i=0,1
```

功能是把源操作数内容送入 R0 或 R1 指定的存储单元中。

5. 16 位数传送指令

```
MOV   DPTR, #data₁₆       ; #data₁₆→DPTR
```

功能是把 16 位立即数送入 DPTR, 用来设置数据存储器的地址指针。

6. 堆栈操作指令

内部 RAM 中设定一个后进先出（LIFO, last in first out）的区域，称为堆栈。在特殊功能寄存器中有一个堆栈指针 SP，指示堆栈的栈顶位置。堆栈操作有进栈和出栈两种，因此，在指令系统中相应有两条堆栈操作指令。

1) 进栈指令

PUSH   direct

首先将栈指针 SP 加 1，然后把 direct 中的内容送到 SP 指示的内部 RAM 单元中。

例如，当（SP）=60H，(A)=30H，(B)=70H 时，执行下列指令：

PUSH   Acc   ;(SP)+1=61H→SP,(A)→61H
PUSH   B   ;(SP)+1=62H→SP,(B)→62H

结果为：(61H)=30H,(62H)=70H,(SP)=62H。

2）出栈指令

POP   direct

将 SP 指示的栈顶单元的内容送入 direct 字节中，SP 减 1。

例如，当（SP）=62H，(62H)=70H，(61H)=30H 时，执行下列指令：

POP   DPH   ;((SP))→DPH,(SP)-1→SP
POP   DPL   ;((SP))→DPL,(SP)-1→SP

结果为：(DPTR)=7030H,(SP)=60H。

7. 累加器 A 与外部数据存储器 RAM 或 I/O 传送指令

MOVX   A,@DPTR   ;((DPTR))→A,读外部 RAM/IO
MOVX   A,@Ri   ;((Ri))→A,读外部 RAM/IO
MOVX   @DPTR,A   ;(A)→((DPTR)),写外部 RAM/IO
MOVX   @Ri,A   ;(A)→((Ri)),写外部 RAM/IO

MOV 后面加"X"，表示访问的是片外 RAM 或 I/O 口，在执行前两条指令时，(P3.7) 有效；执行后两条指令时，(P3.6) 有效。

采用 16 位的 DPTR 间接寻址，可寻址整个 64KB 片外数据存储器空间，高 8 位地址（DPH）由 P2 口输出，低 8 位地址（DPL）由 P0 口输出。

采用 Ri（i=0，1）进行间接寻址，可寻址片外 256 个单元的数据存储器。8 位地址由 P0 口输出，锁存在地址锁存器中，然后 P0 口再作为 8 位数据口。

8. 查表指令

查表指令共两条，仅有的两条读程序存储器中表格数据的指令。由于程序存储器只读不写，因此传送为单向，从程序存储器中读出数据到 A 中。两条查表指令均采用基址寄存器加变址寄存器间接寻址方式。

1) MOVC　A，@A+PC

以 PC 作为基址寄存器，A 的内容（无符号数）和 PC 的当前值（下一条指令的起始地址）相加后得到一个新的 16 位地址，把该地址的内容送到 A。

例如，当（A）=30H 时，执行地址 1000H 处的指令

```
1000H: MOVC   A, @ A + PC
```

该指令占用一个字节，下一条指令的地址为 1001H，（PC）=1001H 再加上 A 中的 30H，得 1031H，结果把程序存储器中 1031H 的内容送入累加器 A。

优点：不改变特殊功能寄存器及 PC 的状态，根据 A 的内容就可以取出表格中的常数。

缺点：表格只能存放在该条查表指令所在地址的 +256 个单元之内，表格大小受到限制，且表格只能被一段程序所用。

2) MOVC　A，@A+DPTR

DPTR 为基址寄存器，A 的内容（无符号数）和 DPTR 的内容相加得到一个 16 位地址，把由该地址指定的程序存储器单元的内容送到累加器 A。

例如，（DPTR）=8100H，（A）=40H，执行指令

```
MOVC    A, @ A + DPTR
```

将程序存储器中 8140H 单元内容送入 A 中。

本指令执行结果只与指针 DPTR 及累加器 A 的内容有关，与该指令存放的地址及常数表格存放的地址无关，因此表格的大小和位置可以在 64KB 程序存储器空间中任意安排，一个表格可以为各个程序块公用。

两条指令的助记符都是在 MOV 的后面加"C"，是 CODE 的第一个字母，即表示程序存储器中的代码。

执行上述两条指令时，单片机的引脚信号（程序存储器读）有效，这一点读者要牢记。

9. 字节交换指令

```
XCH   A, Rn                ; (A) ←→ (Rn), n = 0 ~ 7
XCH   A, direct            ; (A) ←→ (direct)
XCH   A, @ Ri              ; (A) ←→ ((Ri)), i = 0, 1
```

这组指令的功能是将累加器 A 的内容和源操作数的内容相互交换。源操作数有寄存器寻址、直接寻址和寄存器间接寻址等方式。例如

（A）=80H，（R7）=08H，（40H）=F0H

（R0）=30H,（30H）=0FH

执行下列指令：

```
XCH  A, R7           ;(A) ←→ (R7)
XCH  A, 40H          ;(A) ←→ (40H)
XCH  A, @R0          ;(A) ←→ ((R0))
```

结果为：(A) = 0FH, (R7) = 80H, (40H) = 08H, (30H) = F0H。

10. 半字节交换指令

```
XCHD  A, @Ri
```

累加器的低4位与内部RAM低4位交换。

例如,（R0）=60H,（60H）=3EH,（A）=59H,执行完"XCHD A, @R0"指令,则（A）=5EH,（60H）=39H。

11. 自交换指令

```
SWAP  A              ;(ACC.7~ACC.4) ←→ (ACC.3~ACC.0)
```

累加器的低4位与高4位互换。

例如,（A）= 95H,执行指令：

```
SWAP  A
```

结果为：(A) = 59H。

数据传送类的29条指令具体说明见表3-1。

表3-1 数据转送类指令

指令助记符	说明	字节数	机器周期数
MOV A, Rn	寄存器内容送累加器 A ← (Rn)	1	1
MOV A, direct	直接寻址字节内容送累加器 A ← (direct)	2	1
MOV A, @Ri	间接RAM送累加器 A ← ((Ri))	1	1
MOV A, #data	立即数送累加器 A ← #data	2	1
MOV Rn, A	累加器送寄存器 Rn ← (A)	1	1
MOV Rn, direct	直接寻址字节送寄存器 Rn ← (direct)	2	2
MOV Rn, #data	立即数送寄存器 Rn ← #data	2	1
MOV direct, A	累加器送直接寻址字节 direct ← (A)	2	1
MOV direct, Rn	寄存器送直接寻址字节 direct ← (Rn)	2	2
MOV direct1, direct2	直接寻址字节送直接寻址字节 direct1 ← (direct2)	3	2

续表

指令助记符	说明	字节数	机器周期数
MOV direct., @Ri	间接RAM送直接寻址字节 direct←((Ri))	2	2
MOV direct, #data	立即数送直接寻址字节 direct←#data	3	2
MOV @Ri, A	累加器送片内RAM (Ri)←(A)	1	1
MOV @Ri, direct	直接寻址字节送片内RAM (Ri)←(direct)	2	2
MOV @Ri, #data	立即数送片内RAM (Ri)←#data	2	1
MOV DPTR, #data$_{16}$	16位立即数送数据指针 DPRT←#data16	3	2
MOVC A, @A+DPTR	变址寻址字节送累加器（相对DPTR） A←((A)+(DPTR))	1	2
MOVC A, @A+PC	变址寻址字节送累加器（相对PC） A←((A)+(PC))	1	2
MOVX A, @Ri	片外RAM送累加器（8位地址） A←((Ri))	1	2
MOVX A, @DPTR	片外RAM（16位地址）送累加器 A←((DPTR))	1	2
MOVX @Ri, A	累加器送片外RAM（8位地址） ((Ri))←(A)	1	2
MOVX @DPTR, A	累加器送片外RAM（16位地址） ((DPTR))←(A)	1	2
PUSH direct	直接寻址字节压入栈顶 SP←(SP)+1, (SP)←(direct)	2	2
POP direct	栈顶弹至直接寻址字节 direct←((SP)), SP←(SP)-1	2	2
XCH A, Rn	寄存器与累加器交换 (A)⟷(Rn)	1	1
XCH A, direct	直接寻址字节与累加器交换 (A)⟷(direct)	2	1
XCH A, @Ri	片内RAM与累加器交换 (A)⟷((Ri))	1	1
XCHD A, @Ri	片内RAM与累加器低4位交换 $(A)_{3-0}$⟷$((Ri))_{3-0}$	1	1
SWAP	累加器A的高低4位互换 $(A)_{3-0}$⟷$(A)_{7-4}$	1	1

3.4 算术运算类指令

算术运算指令（共24条）都是针对8位二进制无符号数的，如要进行带符号或多字节二进制数运算，需编写具体的运算程序，通过执行程序实现。

算数运算结果要影响PSW中标志位如表3-2所示。标志位意义如下：

CY为1，无符号数（字节）加减发生进位或借位；

OV为1，有符号数（字节）加减发生溢出错误；

AC为1，十进制数（BCD码）加法的结果应调整；

P 为 1，存于累加器 A 中操作结果的"1"的个数为奇数。

表 3-2　标志位与相关指令影响

指令 标志	ADD、ADDC、SUBB	DA	MUL	DIV
CY	√	√	0	0
AC	√	√	×	×
OV	√	×	√	√
P	√	√	√	√

1. 加法指令

```
ADD   A, Rn          ; (A) + (Rn) →A, n = 0 ~ 7
ADD   A, direct      ; (A) + (direct) →A
ADD   A, @ Ri        ; (A) +((Ri))→A, i = 0, 1
ADD   A, #data       ; (A) +#data→A
```

8 位加法指令的一个加数总是来自累加器 A，而另一个加数可由寄存器寻址、直接寻址、寄存器间接寻址和立即数寻址等不同的寻址方式得到。加的结果总是放在累加器 A 中。

使用本指令时，要注意累加器 A 中的运算结果对各个标志位的影响：

(1) 如果位 7 有进位，则进位标志 CY 置 1；否则 CY 清零。

(2) 如果位 3 有进位，辅助进位标志 AC 置 1；否则 AC（AC 为 PSW 寄存器中的一位）清零。

(3) 如果位 6 有进位，而位 7 没有进位，或者位 7 有进位，而位 6 没有进位，则溢出标志位 OV 置 1；否则 OV 清零。

溢出标志位 OV 的状态，只有带符号数加法运算时才有意义。当两个带符号数相加时，OV = 1，表示加法运算超出了累加器 A 所能表示的带符号数的有效范围（-128 ~ +127），即产生了溢出，表示运算结果是错误的；否则运算是正确的，即无溢出产生。

【例 3-1】　(A) = 53H，(R0) = 0FCH，执行指令

ADD　A, R0

运算式为

```
    0101 0011
+)  1111 1100
  1 0100 1111
```

结果为：（A）=4FH，CY=1，AC=0，OV=0，P=1（A中1的位数为奇数）。

注意：在上面的运算中，由于位6和位7同时有进位，所以标志位OV=0。

【例3-2】　（A）=85H，（R0）=20H，（20H）=0AFH，执行指令

```
        ADD    A, @R0
```

运算式为

```
          1000 0101
       +) 1010 1111
          ─────────
        1 0011 0100
```

结果为：（A）=34H，（CY）=1，（AC）=1，（OV）=1，（P）=1。

注意：由于位7有进位，而位6无进位，所以标志位（OV）=1。

2. 带进位加法指令

带进位加法指令的特点是进位标志位CY参加运算，三个数相加。四条指令如下：

```
ADDC   A, Rn        ; (A) + (Rn) + (C) →A, n = 0~7
ADDC   A, direct    ; (A) + (direct) + (C) →A
ADDC   A, @Ri       ; (A) +((Ri)) + (C) →A, i = 0、1
ADDC   A, #data     ; (A) +#data + (C) →A
```

如果位7有进位，则进位标志CY置"1"，否则CY清零；

如果位3有进位，则辅助进位标志AC置"1"，否则AC清零；

如果位6有进位而位7没有进位，或者位7有进位而位6没有进位，则溢出标志OV置"1"，否则标志OV清零。

【例3-3】　（A）=85H，（20H）=0FFH，（CY）=1，执行指令

```
        ADDC   A, 20H
```

运算式为

```
          1000 0101
          1111 1111
       +)         1
          ─────────
        1←1000 0101
```

结果为：（A）=85H，（CY）=1，（AC）=1，（OV）=0，（P）=1（A中1的个数为奇数）。

3. 增1指令

```
INC    A
INC    Rn           ; n = 0 ~ 7
INC    direct
INC    @Ri          ; i = 0, 1
INC    DPTR
```

把指令中所指出的变量增1，且不影响 PSW 中的任何标志。

指令"INC DPTR"，16位数增1指令。首先对低8位指针 DPL 执行加1，当溢出时，就对 DPH 的内容进行加1，不影响标志 CY。

4. 十进制调整指令

十进制调整指令用于对 BCD 码加法运算结果的内容修正，指令格式为

$$DA \quad A$$

该指令是对压缩的 BCD 码（一个字节存放2位 BCD 码）的加法结果进行十进制调整。

两个 BCD 码按二进制相加之后，必须经本指令的调整才能得到正确的压缩 BCD 码的和数。

1) 十进制调整问题

对 BCD 码加法运算，只能借助于二进制加法指令。但二进制数加法原则上并不适于十进制数的加法运算，有时会产生错误结果。例如

```
（1）3+6=9            （2）7+8=15           （3）9+8=17
      0011                  0111                 1001
  +)  0110              +)  1000             +)  1000
      1001                  1111               1 0001
```

上述的 BCD 码运算中：

（1）结果正确。

（2）结果不正确，因为 BCD 码中没有1111这个编码。

（3）结果不正确，正确结果应为17，而运算结果却是11。

可见，二进制数加法指令不能完全适用于 BCD 码十进制数的加法运算，要对结果做有条件的修正，这就是所谓的十进制调整问题。

2) 出错原因和调整方法

出错原因在于 BCD 码共有16个编码，但只用其中的10个，剩下6个没用到。这6个没用到的编码（1010，1011，1100，1101，1110，1111）为无效编码。

在 BCD 码加运算中，凡结果进入或者跳过无效编码区时，结果出错。因此 1 位 BCD 码加法运算出错的情况有两种：

（1）加结果大于 9，说明已经进入无效编码区。
（2）加结果有进位，说明已经跳过无效编码区。

无论哪种错误，都是由 6 个无效编码造成的。因此，只要出现上述两种情况之一，就必须调整。方法是把运算结果加 6 调整，即十进制调整修正。

十进制调整方法如下：
（1）累加器低 4 位大于 9 或辅助进位位 AC＝1，则低 4 位加 6 修正。
（2）累加器高 4 位大于 9 或进位位 CY＝1，则高 4 位加 6 修正。
（3）累加器高 4 位为 9，低 4 位大于 9，高 4 位和低 4 位分别加 6 修正。

上述调整修正，是通过执行指令"DA A"来自动实现的。

【例 3－4】　（A）＝56H，（R5）＝67H，把它们看作两个压缩的 BCD 数，进行 BCD 加法。执行指令

```
ADD   A, R5
DA    A
```

高 4 位和低 4 位分别大于 9，所以"DA A"指令要分别加 6，对结果修正。

```
     0101  0110
+)   0110  0111
     1011  1101
+)   0110  0110       ←——十进制调整，高、低4位分别加6
   1←0010  0011
```

结果为：（A）＝23H，（CY）＝1。
由上可见，56＋67＝123，结果正确。

5. 带借位的减法指令

```
SUBB    A, Rn      ; (A) - (Rn) - (CY) →A, n = 0~7
SUBB    A, direct  ; (A) - (direct) - (CY) →A
SUBB    A, @Ri     ; (A) -((Ri)) - (CY) →A, i = 0, 1
SUBB    A, #data   ; (A) - #data - (CY) →A
```

从 A 的内容减去指定变量和进位标志 CY 的值，结果存在 A 中。

如果位 7 需借位则 CY 置 1，否则 CY 清零；
如果位 3 需借位则 AC 置 1，否则 AC 清零；
如果位 6 借位而位 7 不借位，或者位 7 借位而位 6 不借位，则溢出标志位 OV 置"1"，否则 OV 清零。

【例 3－5】　（A）＝0C9H，（R2）＝54H，（CY）＝1，执行指令

$$\text{SUBB} \quad \text{A, R2}$$

运算式为

```
  1100 1001
  0101 0100
-)        1
  ─────────
  0111 0100
```

结果为：(A) = 74H，(CY) = 0，(AC) = 0，(OV) = 1（位 6 向位 7 借位）。

6. 减 1 指令

```
DEC    A          ;(A) -1→A
DEC    Rn         ;(Rn) -1→Rn, n = 0~7
DEC    direct     ;(direct) -1→direct
DEC    @Ri        ;((Ri)) -1→(Ri), i = 0, 1
```

功能是指定的变量减 1。若原来为 00H，减 1 后下溢为 FFH，不影响标志位（P 标志除外）。

【例 3-6】 (A) = 0FH，(R7) = 19H，(30H) = 00H，(R1) = 40H，(40H) = 0FFH，执行指令

```
DEC    A          ;(A) -1→A
DEC    R7         ;(R7) -1→R7
DEC    30H        ;(30H) -1→30H
DEC    @R1        ;((R1)) -1→(R1)
```

结果为：(A) = 0EH，(R7) = 18H，(30H) = 0FFH，(40H) = 0FEH，(P) = 1，不影响其他标志。

7. 乘法指令

```
MUL    AB         ;A×B→BA
```

积的低字节在累加器 A 中，高字节在 B 中。如果积大于 255，则 OV 置 1，否则 OV 清零。CY 标志总是清零。

8. 除法指令

```
DIV    AB         ;A/B→A（商），余数→B
```

商（为整数）存放在 A 中，余数存放在 B 中，且 CY 和溢出标志位 OV 清零。如果 B 的内容为 0（即除数为 0），则存放结果的 A、B 中的内容不定，并且

溢出标志位 OV 置 1。

【例 3-7】 （A）=0FBH，（B）=12H，执行指令

DIV AB

结果为：（A）=0DH，（B）=11H，CY=0，OV=0

算术运算类的 24 条指令具体说明见表 3-3。

表 3-3 算术运算类指令

指令助记符	说明	字节数	机器周期数
ADD A, Rn	寄存器内容送累加器 A←(A)+(Rn)	1	1
ADD A, direct	直接寻址送累加器 A←(A)+(direct)	2	1
ADD A, @Ri	间接寻址 RAM 加到累加器 A←(A)+((Ri))	1	1
ADD A, #data	立即数加到累加器 A←(A)+data	2	1
ADDC A, Rn	寄存器加到累加器（带进位） A←(A)+(Rn)+(CY)	1	1
ADDC A, direct	直接寻址加到累加器（带进位） A←(A)+(direct)+(CY)	2	1
ADDC A, @Ri	间接寻址 RAM 加到累加器（带进位） A←(A)+((Ri))+(CY)	1	1
ADDC A, #data	立即数加到累加器（带进位） A←(A)+data+(CY)	2	1
SUBB A, Rn	累加器内容减去寄存器内容（带借位） A←(A)-(Rn)-(CY)	1	1
SUBB A, direct	累加器内容减去直接寻址（带借位） A←(A)-(direct)-(CY)	2	1
SUBB A, @Ri	累加器内容减去间接寻址（带借位） A←(A)-((Ri))-(CY)	1	1
SUBB A, #data	累加器内容减去立即数（带借位） A←(A)-data-(CY)	2	1
INC A	累加器加 1 A←(A)+1	1	1
INC Rn	寄存器加 1 Rn←(Rn)+1	1	1
INC direct	直接寻址加 1 direct←(direct)+1	2	1
INC @Ri	间接寻址 RAM 加 1 (Ri)←((Ri))+1	1	1
INC DPTR	地址寄存器加 1 DPTR←(DPTR)+1	1	2
DEC A	累加器减 1 A←(A)-1	1	1
DEC Rn	寄存器减 1 Rn←(Rn)-1	1	1
DEC direct	直接寻址地址字节减 1 direct←(direct)-1	2	1
DEC @Ri	间接寻址 RAM 减 1 (Ri)←((Ri))-1	1	1
MUL AB	累加器 A 和寄存器 B 相乘 AB←(A)*(B)	1	4
DIV AB	累加器 A 除以寄存器 B AB←(A)/(B)	1	4
DA A	对 A 进行十进制调整	1	1

3.5 逻辑运算与循环类指令

1. 逻辑与指令

```
ANL    A, Rn              ; (A) ∧ (Rn) →A, n = 0 ~ 7
ANL    A, direct          ; (A) ∧ (direct) →A
ANL    A, #data           ; (A) ∧ #data→A
ANL    A, @Ri             ; (A) ∧ ((Ri)) →A, i = 0 ~ 1
ANL    direct, A          ; (direct) ∧ (A) →direct
ANL    direct, #data      ; (direct) ∧ #data→direct
```

逻辑与指令是在指定的变量之间以位为基础进行"逻辑与"操作,结果存放到目的变量所在的寄存器或存储器中。

【例 3 – 8】 (A) = 07H, (R0) = 0FDH, 执行指令

```
            ANL    A, R0
```

运算式为

$$
\begin{array}{r}
00000111 \\
\wedge)\ 11111101 \\
\hline
00000101
\end{array}
$$

结果为:(A) = 05H。

2. 逻辑或指令

```
ORL    A, Rn              ; (A) ∨ (Rn) →A, n = 0 ~ 7
ORL    A, direct          ; (A) ∨ (direct) →A
ORL    A, #data           ; (A) ∨ #data→A
ORL    A, @Ri             ; (A) ∨ ((Ri)) →A, i = 0, 1
ORL    direct, A          ; (direct) ∨ (A) →direct
ORL    direct, #data      ; (direct) ∨ #data→direct
```

逻辑或指令是在所指定的变量之间执行位的"逻辑或"操作,结果存到目的变量寄存器或存储器中。

【例 3 – 9】 (P1) = 05H, (A) = 33H, 执行指令

```
            ORL    P1, A
```

运算式为

$$
\begin{array}{r}
00000101 \\
\vee)\ 00110011 \\
\hline
00110101
\end{array}
$$

结果为：(P1) = 35H。

3. 逻辑异或指令

```
XRL    A, Rn           ; (A) ⊕ (Rn) →A, n = 0 ~ 7
XRL    A, direct       ; (A) ⊕ (direct) →A
XRL    A, @Ri          ; (A) ⊕((Ri))→A, i = 0, 1
XRL    A, #data        ; (A) ⊕#data→A
XRL    direct, A       ; (direct) ⊕ (A) →direct
XRL    direct, #data   ; (direct) ⊕#data →direct
```

逻辑异或指令是在所指定的变量之间执行以位的"逻辑异或"操作，结果存到目的变量寄存器或存储器中。

【例 3 – 10】 (A) = 90H, (R3) = 73H, 执行指令

$$XRL \quad A, R3$$

运算式为

```
      10010000
  ⊕)  01110011
      ‾‾‾‾‾‾‾‾
      11100011
```

结果为：(A) = 0E3H。

4. 累加器 A 清零指令

$$CLR \quad A$$

累加器 A 清零。不影响 CY、AC、OV 等标志位。

5. 累加器 A 求反指令

$$CPL \quad A$$

将累加器 A 的内容按位逻辑取反，不影响标志位。

6. 左环移指令

$$RL \quad A$$

左环移指令的功能是 A 向左循环移位，位 7 循环移入位 0，不影响标志位，如图 3 – 1 所示。

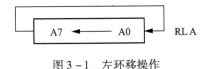

图 3 – 1 左环移操作

7. 带进位左环移指令

$$\text{RLC} \quad A$$

将累加器 A 的内容和进位标志位 CY 一起向左环移一位，如图 3-2 所示。

图 3-2 带进位左环移操作

8. 右环移指令

$$\text{RR} \quad A$$

这条指令的功能是 A 的内容向右环移一位，不影响其他标志位，如图 3-3 所示。

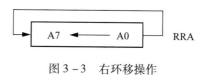

图 3-3 右环移操作

9. 带进位右环移指令

$$\text{RRC} \quad A$$

A 的内容和进位标志 CY 一起向右环移一位，如图 3-4 所示。

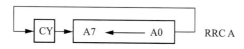

图 3-4 带进位右环移操作

逻辑运算与循环类的 24 条指令具体说明见表 3-4。

表 3-4 逻辑运算类指令

指令助记符	说明		字节数	机器周期数
ANL A, Rn	寄存器"与"到累加器	A←(A)∧(Rn)	1	1
ANL A, direct	直接寻址"与"到累加器	A←(A)∧(direct)	2	1
ANL A, @Ri	间接寻址 RAM"与"到累加器	A←(A)∧((Ri))	1	1
ANL A, #data	立即数"与"到累加器	A←(A)∧data	2	1
ANL direct, A	累加器"与"到直接寻址	direct←(direct)∧(A)	2	1

续表

指令助记符	说明		字节数	机器周期数
ANL direct, #data	立即数"与"到直接寻址	direct←(direct)∧data	3	2
ORL A, Rn	寄存器"或"到累加器	A←(A)∨(Rn)	1	1
ORL A, direct	直接寻址"或"到累加器	A←(A)∨(direct)	2	1
ORL A, @Ri	间接寻址RAM"或"到累加器	A←(A)∨((Ri))	1	1
ORL A, #data	立即数"或"累加器	A←(A)∨data	2	1
ORL direct, A	累加器"或"到直接寻址	direct←(direct)∨(A)	2	1
ORL direct, #data	立即数"或"到直接寻址	direct←(direct)∨data	3	2
XRL A, Rn	立即数"异或"到累加器	A←(A)∨(Rn)	1	1
XRL A, direct	直接寻址"异或"到累加器	A←(A)∨(direct)	2	1
XRL A, @Ri	间接寻址RAM"异或"累加器	A←(A)∨((Ri))	1	1
XRL A, #data	立即数"异或"到累加器	A←(A)∨data	2	1
XRL direct, A	累加器"异或"到直接寻址	direct←(direct)⊕(A)	2	1
XRL direct, #data	立即数"异或"到直接寻址	direct←(direct)⊕data	3	2
CLR A	累加器清零	A←0	1	1
CPL A	累加器求反	A←($\overline{A}$)	1	1
RL A	累加器循环左移	A循环左移一位	1	1
RLC A	经过进位位的累加器循环左移	A带进位循环左移一位	1	1
RR A	累加器右移	A循环右移一位	1	1
RRC A	经过进位位的累加器循环右移	A带进位循环右移一位	1	1

3.6 控制转移类指令

1. 长转移指令

$$\text{LJMP} \quad \text{addr16}$$

指令执行时，把转移的目的地址，即指令的第二和第三字节分别装入PC的高位和低位字节中，无条件地转向addr16指定的目的地址：64KB程序存储器地址空间的任何位置。

2. 相对转移指令

$$\text{SJMP} \quad \text{rel}$$

无条件转移，rel为相对偏移量，是一单字节的带符号8位二进制补码数，因此程序转移是双向的。rel如为正，向地址增大的方向转移；rel如为负，向地址减小的方向转移。

执行时，在 PC 加 2（本指令为 2B）之后，把指令的有符号的偏移量 rel 加到 PC 上，并计算出目的地址。

编程时，只需写上目的地址标号，相对偏移量由汇编程序自动计算。例如

```
LOOP: MOV    A, R6
      ……
      SJMP   LOOP
      ……
```

汇编时，跳到 LOOP 处的偏移量由汇编程序自动计算和填入。

3. 绝对转移指令

$$AJMP \quad addr11$$

指令双字节，格式如下：

第1字节	A10	A9	A8	0	0	0	0	1
第2字节	A7	A6	A5	A4	A3	A2	A1	A0

指令提供 11 位地址 A10～A0（即 addr11）。其中，A10～A8 位于第 1 字节的高 3 位，A7～A0 在第 2 字节，操作码只占第 1 字节的低 5 位。

指令构造转移目的地址：执行本指令，PC 加 2，然后把指令中的 11 位无符号整数地址 addr11（A10～A0）送入 PC.10～PC.0，PC.15～PC.11 保持不变，形成新的 16 位转移目的地址。

需注意，目标地址必须与 AJMP 指令的下一条指令首地址的高 5 位地址码 A15～A11 相同，否则将混乱。所以，是 2KB 范围内的无条件跳转指令。

4. 间接跳转指令

$$JMP \quad @A+DPTR$$

单字节转移指令，目的地址由 A 中 8 位无符号数与 DPTR 的 16 位无符号数内容之和来确定。以 DPTR 内容为基址，A 的内容作为变址。给 A 赋予不同值，即可实现多分支转移。

5. 条件转移指令

执行指令时，如条件满足，则转移；不满足，则顺序执行下一指令。转移目的地址在以下一条指令首地址为中心的 256B 范围内（-128～+127）。

```
JZ    rel              ；如果累加器内容为 0，则执行转移
```

```
JNZ    rel                    ;如果累加器内容非 0，则执行转移
```

6. 比较不相等转移指令

```
CJNE   A, direct, rel
CJNE   A, #data, rel
CJNE   Rn, #data, rel
CJNE   @Ri, #data, rel
```

比较前两个操作数大小，如果值不相等，则转移，并转向目的地址。

如果第一操作数（无符号整数）小于第二操作数（无符号整数），则进位标志位 CY 置 1，否则 CY 清零。该指令的执行不影响任何一个操作数的内容。

7. 减 1 不为 0 转移指令

该指令把减 1 与条件转移两种功能合在一起。两条指令为

```
DJNZ   Rn, rel          ; n = 0~7
DJNZ   direct, rel
```

用于控制程序循环。预先装入循环次数，以减 1 后是否为"0"作为转移条件，即实现按次数控制循环。

8. 调用子程序指令

1）长调用指令

```
          LCALL    addr16
```

该指令可调用 64KB 范围内程序存储器中的任何一个子程序。执行时，先把 PC 加 3 获得下一条指令的地址（断点地址），并压入堆栈（先低位字节，后高位字节），堆栈指针加 2。接着把指令的第二和第三字节（A15~A8, A7~A0）分别装入 PC 的高位和低位字节中，然后从 PC 指定的地址开始执行程序。执行后不影响任何标志位。

2）绝对调用指令

```
          ACALL    addr11
```

该指令为 2KB 范围内的调用子程序的指令。子程序地址必须与 ACALL 指令下一条指令的 16 位首地址中的高 5 位地址相同，否则将混乱。

9. 子程序的返回指令

```
          RET
```

执行本指令时

(SP)→PC$_H$,然后(SP) - 1→SP

(SP)→PC$_L$,然后(SP) - 1→SP

该指令的功能为:从堆栈中退出 PC 的高 8 位和低 8 位字节,把栈指针减 2,从 PC 值处开始继续执行程序。不影响任何标志位。

10. 中断返回指令

RETI

该指令与 RET 指令相似,不同之处在于:该指令清除了中断响应时被置 1 的内部中断优先级寄存器的中断优先级状态,其他相同。

11. 空操作指令

NOP

该指令不进行任何操作,耗一个机器周期时间,执行(PC) +1→PC 操作。

控制转移类的 17 条指令具体说明见表 3 – 5。

表 3 – 5 控制转移指令

指令助记符	说明	字节数	机器周期数
LJMP addr16	长转移 PC←addr11	3	2
AJMP addr11	绝对转移 PC$_{10~0}$←addr11	2	2
SJMP rel	短转移(相对偏移) PC←(PC) +2 + rel	2	2
JMP @A + DPTR	相对 DPTR 的间接转移 PC←(A) + (DPTR)	1	2
JZ rel	累加器为零则转移 PC←(PC) +2 若(A) =0 则 PC←(PC) + rel	2	2
JNZ rel	累加器为非零则转移 PC←(PC) +2 若(A) ≠0 则 PC←(PC) + rel	2	2
CJNE A, direct, rel	比较直接寻址字节和 A 不相等则转移 PC←(PC) +3 若(A) ≠ (direct) 则 PC←(PC) + rel	3	2
CJNE A, #data, rel	比较立即数和 A 不相等则转移 PC←(PC) +3 若(A) ≠ (data) 则 PC←(PC) + rel	3	2
CJNE Rn, #data, rel	比较立即数和寄存器不相等则转移 PC←(PC) +3 若(Rn) ≠ (data) 则 PC←(PC) + rel	3	2
CJNE @Ri, #data, rel	比较立即数和间接寻址 RAM 不相等则转移 PC←(PC) +3 若((Ri)) ≠ (data) 则 PC←(PC) + rel	3	2

指令助记符	说明	字节数	机器周期数
DJNZ Rn, rel	寄存器减1不为零则转移 PC←(PC)+2, Rn←(Rn)-1 若(Rn)≠0, 则PC←(PC)+rel	2	2
DJNZ direct, rel	直接寻址字节减1不为零则转移 PC←(PC)+3, direct←(direct)-1 若(direct)≠0, 则PC←(PC)+rel	3	24
ACALL addR11	绝对调用子程序 PC←(PC)+2, SP←(SP)+1 SP←(PC)$_L$, SP←(SP)+1 (SP)←(PC)$_H$, PC$_{10\sim0}$←addr11	2	2
LCALL addR16	长调用子程序 PC←(PC)+3, SP←(SP)+1 SP←(PC)$_L$, SP←(SP)+1 (SP)←(PC)$_H$, PC$_{10\sim0}$←addr11	3	2
RET	从子程序返回 PC$_H$←((SP)), SP←(SP)-1 PC$_L$←((SP)), SP←(SP)-1	1	2
RETI	从中断返回 PC$_H$←((SP)), SP←(SP)-1 PC$_L$←((SP)), SP←(SP)-1	1	2
NOP	空操作	1	1

3.7 位操作类指令

1. 数据位传送指令

$$\text{MOV} \quad \text{C, bit}$$
$$\text{MOV} \quad \text{bit, C}$$

该指令把源操作数指定的位变量送到目的操作数指定处。一个操作数必须为进位标志,另一个可以是任何直接寻址位。不影响其他寄存器或标志位。

例如

MOV　　C,06H　　　;(20H).6→CY

06H是位地址,20H是内部RAM字节地址。06H是内部RAM 20H字节位6的位地址。

MOV　　P1.0,C　　;CY→P1.0

2. 位变量修改指令

```
CLR    C              ;CY 位清零
CLR    bit            ;bit 位清零
CPL    C              ;CY 位求反
CPL    bit            ;bit 位求反
SETB   C              ;CY 位置 1
SETB   bit            ;bit 位置 1
```

这组指令将操作数指定的位清零、求反、置 1，不影响其他标志位。例如

```
CLR    C              ;CY 位清零
CLR    27H            ;0→ (24H) .7 位
CPL    08H            ;/08H → (21H) .0 位
SETB   P1.7           ;P1.7 位置 1
```

3. 位变量逻辑与指令

```
ANL    C, bit         ;bit∧CY→CY
ANL    C, /bit        ;/bit∧CY→CY
```

第 2 条指令先对直接寻址位求反，然后与进位标志位 C 进行"逻辑与"运算，结果送回到位累加器中。

4. 位变量逻辑或指令

```
ORL    C, bit
ORL    C, /bit
```

第 1 条指令是直接寻址位与进位标志位 CY（位累加器）进行"逻辑或"运算，结果送回到进位标志位中。

第 2 条指令先对直接寻址位求反，然后与位累加器（进位标志位）进行"逻辑或"运算，结果送回到进位标志位中。

5. 条件转移类指令

```
JC     rel            ;如进位标志位 CY = 1，则转移
JNC    rel            ;如进位标志位 CY = 0，则转移
JB     bit, rel       ;如直接寻址位 = 1，则转移
JNB    bit, rel       ;如直接寻址位 = 0，则转移
```

JBC　bit,rel　　　　　；如直接寻址位=1,转移,并把寻址位清零

位操作类的17条指令具体说明见表3-6。

表3-6　位操作类指令Y

指令助记符	说明	字节数	机器周期数
CLR　C	清进位位　CY←0	1	1
CLR　bit	清直接地址位　bit←0	2	1
SETB　C	置进位位　CY←1	1	1
SETB　bit	置直接地址位　bit←1	2	1
CPL　C	进位位求反　CY←$\overline{CY}$	1	1
CPL　bit	直接地址位求反　bit←$\overline{bit}$	2	1
ANL　C,bit	进位位和直接地址位相"与"　CY←(CY)∧(bit)	2	2
ANL　C,$\overline{bit}$	进位位和直接地址位的反码相"或"CY←(CY)∧($\overline{bit}$)	2	2
ORL　C,bit	进位位和直接地址位相"与"　CY←(CY)∨(bit)	2	2
ORL　C,$\overline{bit}$	进位位和直接地址位的反码相"或"CY←(CY)∨($\overline{bit}$)	2	2
MOV　C,bit	直接地址位送入进位位　CY←(bit)	2	1
MOV　bit,C	进位位送入直接地址位　bit←CY	2	2
JNC　rel	进位位为1则转移　PC←(PC)+2 若(CY)=0则PC←(PC)+rel	2	2
JB　bit,rel	进位位为0则转移　PC←(PC)+3 若(bit)=1则PC←(PC)+rel	3	2
JC　rel	直接地址位为1则转移　PC←(PC)+2 若(CY)=1则PC←(PC)+rel	2	2
JNB　bit,rel	直接地址位为0则转移　PC←(PC)+3 若(bit)=0则PC←(PC)+rel	3	2
JBC　bit,rel	直接地址位为1则转移,该位清零　PC←(PC)+3 若(bit)=1则bit←0,PC←(PC)+rel	3	2

习题与思考题

1. 设内部RAM中59H单元的内容为50H,当执行下列程序段后寄存器A、R0和内部RAM中50H、51H单元的内容为何值?

```
MOV    A,59H
MOV    R0,A
```

```
MOV     A, #00H
MOV     @R0, A
MOV     A, #25H
MOV     51H, A
MOV     52H, #70H
```

2. 访问外部数据存储器和程序存储器可以用哪些指令来实现？举例说明。

3. 设堆栈指针 SP 中的内容为 60H，内部 RAM 中 30H 和 31H 单元的内容分别为 24H 和 10H，执行下列程序段后，61H、62H、30H、31H、DPTR 及 SP 中的内容将有何变化？

```
PUSH    30H
PUSH    31H
POP     DPL
POP     DPH
MOV     30H, #00H
MOV     31H, #0FFH
```

4. 设 (A) = 40H，(R1) = 23H，(40H) = 05H。执行下列两条指令后，累加器 A 和 R1 以及内部 RAM 中 40H 单元的内容各为何值？

```
XCH     A, R1
XCHD    A, @R1
```

5. 两个四位 BCD 码数相加，被加数和加数分别存于 50H、51H 和 52H、53H 单元中（次序为千位、百位在低地址中，十位、个位在高地址中），和数存放在 54H、55H 和 56H 中（56H 用来存放最高位的进位，试编写加法程序）。

6. 设 (A) = 01010101B，(R5) = 10101010B，分别写出执行 ANL A, R_5；ORL A, R_5；XRL A, R_5 指令后结果。

7. 设指令 SJMP rel；rel = 7EH，并假设该指令存放在 2114H 和 2115H 单元中。当该条指令执行后，程序将跳转到何地址？

8. 简述转移指令 AJMP addr11, SJMP rel, LJMP addr16 及 JMP @A+DPTR 的应用场合。

9. 试分析下列程序段，当程序执行后，位地址 00H、01H 中的内容将为何值？P_1 口的 8 条 I/O 线为何状态？

```
CLR     C
MOV     A, #66H
```

```
            JC      LOOP1
            CPL     C
            SETB    01H
    LOOP1:  ORL     C, ACC.0
            JB      ACC.2, LOOP2
            CLR     00H
    LOOP2:  MOV     P1, A
```

10. 查指令表，写出下列两条指令的机器码，并比较一下机器码中操作数排列次序的特点。

```
    MOV     78H, 80H
    MOV     78H, #80H
```

11. 说明 MCS-51 单片机的下列各条指令中源操作数的寻址方式（可直接在每条指令后面书写）。

(1) ANL   A, 20H

(2) ADDC   A, #20H

(3) JZ   rel

(4) CLR   C

(5) RL   A

12. 使用简单指令序列完成以下操作：

(1) 请将内 RAM 20H~25H 单元清零；

(2) 请将 RAM 3000H 单元内容送 R7。

13. 用 MCS-51 指令实现片外 RAM 1000H 单元内容传送到片内 RAM 20H 单元。

14. 下面的程序执行完后，(24H) 单元内容为多少？R0 寄存器内容为多少？A 累加器内容为多少？

```
    MOV R0,     #24H
    MOV 24H,    #33H
    MOV A,      @R0
    ANL A,      #0FH
```

15. 已知：(A) = 7AH，(R0) = 30H   (30H) = A5H，(CY) = 1H，分别写出下列指令执行后 A 的内容：

(1) MOV   A, 30H

(2) ADD   A,   30H

(3) SUBB　A，30H
(4) ANL　A，@R0
(5) ADDC　A，#30H

16. 下面的程序段执行后，按顺序写出执行完指令的结果。

    MOV　　30H，#0A4H
    MOV　　A，#0D0H
    MOV　　R0，#30H
    MOV　　R2，#5EH
    ANL　　A，R2
    ORL　　A，@R0
    SWAP　A
    CPL　　A
    XRL　　A，#0FEH
    ORL　　30H，A

17. 请分析下面程序执行后的操作结果，（A）=_____，（R0）=_____。

    MOV　　A，#60H
    MOV　　R0，#40H
    MOV　　@R0，A
    MOV　　41H，R0
    XCH　　A，R0

18. 执行下列程序段中第一条指令后，（P1.7）=_____（P1.3）=_____，（P1.2）=_____；执行第二条指令后，（P1.5）=_____，（P1.4）=_____，（P1.3）=_____。

    ANL　P1，#73H
    ORL　P1，#38H

19. 下列程序段执行后，（R0）=_____，（7EH）=_____，（7FH）=_____。

    MOV　R0，#7FH
    MOV　7EH，#00H
    MOV　7FH，#40H
    DEC　@R0

```
DEC    R0
DEC    @R0
```

20. 已知（SP）= 09H，（DPTR）= 4567H，在执行下列指令后，（SP）= _____，内部 RAM（0AH）= _____，（0BH）= _____。

```
PUSH   DPL
PUSH   DPH
```

项目三

指令与寻址方式认知

一、项目目标

【能力目标】

具备对汇编 111 条指令的熟练的应用能力。

具备对 7 种寻址方式的灵活应用能力。

【知识目标】

掌握 MCS-51 单片机的 111 条汇编语言指令。

掌握单片机的 7 种寻址方式。

二、项目要求

学习 MCS-51 单片机的 111 条汇编语言。

学习 MCS-51 单片机的 7 种寻址方式。

三、项目实施

(1) 建立一个工程,加入以下程序:

```
        ORG   0000H
        LJMP  MAIN
        ORG   0040H
MAIN:   MOV   R7, #10
        MOV   A, #00H
        MOV   R0, #40H
LOOP:   MOV   @R0, A
        INC   R0
        INC   A
        DJNZ  R7, LOOP
        SJMP  $
        END
```

汇编、连接该程序，生成可执行文件。利用单步、执行到光标处 2 中方法运行程序，观察程序运行的结果。

(2) 建立一个工程，加入以下程序：

```
        ORG     0000H
        LJMP    MAIN
        ORG     0040H
MAIN:   MOV     R0, #10H
        MOV     R1, #12H
        MOV     A, @R0
        ADD     A, @R1
        MOV     14H, A
        INC     R0
        INC     R1
        MOV     A, @R0
        ADDC    A, @R1
        MOV     15H, A
        SJMP    $
        END
```

汇编、连接该程序，生成可执行文件。利用单步、执行到光标处 2 中方法运行程序，观察程序运行的结果。

四、能力训练

(1) 简述 MCS-51 单片机的 111 条汇编语言。
(2) 简述 MCS-51 单片机的 7 种寻址方式。

第 4 章

MCS-51 汇编语言程序设计

4.1 汇编语言程序设计概述

4.1.1 单片机编程语言

常用的编程语言是汇编语言和高级语言。

1. 汇编语言

用英文字符来代替机器语言,这些英文字符被称为助记符汇编语言:用助记符表示的指令。

汇编语言源程序:用汇编语言编写的程序。

"汇编":汇编语言源程序需转换(翻译)成为二进制代码表示的机器语言程序,才能被识别和执行。完成"翻译"的程序称为汇编程序。经汇编程序"汇编"得到的以"0""1"代码形式表示的机器语言程序称为目标程序。

优点:用汇编语言编写程序效率高,占用存储空间小,运行速度快,能编写出最优化的程序。

缺点:可读性差,离不开具体的硬件,面向"硬件"的语言通用性差。

2. 高级语言

高级语言不受具体"硬件"的限制,优点有:通用性强、直观、易懂、易学、可读性好。

目前多数的 51 单片机用户使用 C 语言(C51)来进行程序设计,C 语言已被公认为是高级语言中高效简洁而又贴近 51 单片机硬件的编程语言。将 C 语言向单片机上移植,始于 20 世纪 80 年代的中后期。经过十几年努力,C 语言已成为单片机的实用高级编程语言。

尽管目前已有不少设计人员使用 C 语言来进行程序开发,但在对程序的空间和时间要求较高的场合,汇编语言仍必不可少。在这种场合下,可使用 C 语言和汇编语言混合编程。在很多需要直接控制硬件且对实时性要求较高的场合,则更是非用汇编语言不可。

4.1.2 汇编语言语句和格式

两种基本语句：指令语句和伪指令语句。

1. 指令语句

每一指令语句在汇编时都产生一个指令代码（机器代码），执行该指令代码对应着机器的一种操作。

2. 伪指令语句

伪指令语句是控制汇编（翻译）过程的一些控制命令。在汇编时没有机器代码与之对应。

下面介绍指令语句格式。

汇编语言语句符合典型的汇编语言的四分段格式，如下所示：

| 标号字段（LABLE） | 操作码字段（OPCODE） | 操作数字段（OPRAND） | 注释字段（COMMENT） |

标号字段和操作码字段之间要用冒号"："分隔；操作码字段和操作数字段间的分界符是空格；双操作数之间用逗号相隔；操作数字段和注释字段之间的分界符用分号"；"。

任何语句都必须有操作码字段，其余各段为任选项。

【例4-1】 下面是一段程序的四分段书写格式。

```
标号字段    操作码字段      操作数字段       注释字段
START:     MOV   A,       #00H           ; 0→A
           MOV   R1,      #10            ; 10→R1
           MOV   R2,      #00000011B     ; 03H→R2
LOOP:      ADD   A,       R2             ; (A)+(R2)→A
           DJNZ  R1,      LOOP           ; R1减1不为零，则跳LOOP处
           NOP
           SJMP  $
```

上述四个字段应该遵守的基本语法规则如下：

1）标号字段

语句所在地址的标志符号才能被访问，如标号"START"和"LOOP"等。有关标号规定如下：

（1）标号后必须跟冒号"："。

（2）标号由1~8个ASCII码字符组成，第一个字符必须是字母。

（3）同一标号在一个程序中只能定义一次，不能重复定义。

（4）不能使用汇编语言已经定义的符号作为标号，如指令助记符、伪指令以及寄存器的符号名称等。

（5）标号的有无取决于本程序中的其他语句是否访问该条语句，如无其他语句访问，则该语句前不需标号。

2）操作码字段

操作码字段规定了语句执行的操作。操作码是汇编语言指令中唯一不能空缺的部分。

3）操作数字段

操作数字段是指令的操作数或操作数地址。

在本字段中，操作数的个数因指令的不同而不同，通常有单操作数、双操作数和无操作数三种情况。如果是多操作数，则操作数之间要以逗号隔开。

操作数表示时，有几种情况需注意：

（1）十六进制、二进制和十进制形式的操作数表示。

多数情况，操作数或操作数地址是采用十六进制形式来表示的，需加后缀"H"；

在某些特殊场合用二进制表示，需加后缀"B"；

若操作数采用十进制形式，则需加后缀"D"，也可省略；

若十六进制操作数以字符A~F开头，需在它前面加一个"0"，以便汇编时把它和字符A~F区别开。

（2）工作寄存器和特殊功能寄存器的表示。

当操作数为工作寄存器或特殊功能寄存器时，允许用工作寄存器和特殊功能寄存器的代号表示。

例如，工作寄存器用R7~R0，累加器用A（或A_{CC}）表示。另外，工作寄存器和特殊功能寄存器也可用其地址来表示，如累加器A可用其地址E0H来表示。

4）注释字段

注释字段用于解释指令或程序的含义，有助于提高程序可读性。

使用时须以分号开头，长度不限，一行写不下可换行书写，但注意也要以分号开头。

汇编时，遇到";"就停止"翻译"。因此，注释字段不会产生机器代码。

4.1.3 伪 指 令

在汇编语言源程序中应有向汇编程序发出的指示信息，告诉它如何完成汇编工作，这是通过伪指令来实现。

伪指令不属于指令系统中的汇编语言指令，它是程序员发给汇编程序的命令，也称为汇编程序控制命令。

只有在汇编前的源程序中才有伪指令。"伪"体现在汇编后，伪指令没有相应的机器代码产生。

伪指令具有控制汇编程序的输入/输出、定义数据和符号、条件汇编、分配存储空间等功能。

不同汇编语言的伪指令有所不同，但基本内容相同。下面介绍常用的伪指令。

1. ORG 汇编起始地址命令

源程序的开始，用一条 ORG 伪指令规定程序的起始地址。如果不用 ORG，则汇编得到的目标程序将从 0000H 地址开始。例如

```
       ORG  2000H
START: MOV  A, #00H
       ……
```

即规定标号 START 代表地址为 2000H 开始。

在一个源程序中，可多次用 ORG 指令，规定不同程序段的起始地址。但是，地址必须由小到大排列，且不能交叉、重叠。例如

```
ORG  2000H
……
ORG  2500H
……
ORG  3000H
……
```

这种顺序是正确的。若按下面顺序的排列则是错误的，因为地址出现了交叉。

```
ORG  2500H
……
ORG  2000H
……
ORG  3000H
……
```

2. END 汇编终止命令

该命令是源程序结束标志,终止源程序的汇编工作。整个源程序中只能有一条 END 命令,且位于程序的最后。如果 END 出现在程序中间,其后的源程序,将不进行汇编处理。

3. EQU 标号赋值命令

该命令是用于给标号赋值。赋值后,标号值在整个程序有效。例如

```
          TEST  EQU  2000H
```

表示 TEST = 2000H,汇编时,凡是遇到 TEST 时,均以 2000H 来代替。

4. DB 定义数据字节命令

该命令用于从指定的地址开始,在程序存储器连续单元中定义字节数据。例如

```
ORG  2000H
DB   30H, 40H, 24, "C", "B"
```

汇编后

```
(2000H) =30H
(2001H) =40H
(2002H) =18H(十进制数 24)
(2003H) =43H(字符"C"的 ASCII 码)
(2004H) =42H(字符"B"的 ASCII 码)
```

显然,DB 功能是从指定单元开始定义(存储)若干字节,十进制数自然转换成十六进制数,字母按 ASCII 码存储。

5. DW 定义数据字命令

该命令用于从指定的地址开始,在程序存储器的连续单元中定义 16 位的数据字。例如

```
ORG  2000H
DW   1246H, 7BH, 10
```

汇编后

```
(2000H) =12H      ;第 1 个字
(2001H) =46H
```

```
(2002H) =00H        ;第 2 个字
(2003H) =7BH
(2004H) =00H        ;第 3 个字
(2005H) =0AH
```

6. DS 定义存储区命令

该命令从指定地址开始,保留指定数目的字节单元作为存储区,供程序运行使用。例如

```
                    TABEL: DS  10
```

表示从 TABEL 代表的地址开始,保留 10 个连续的地址单元。例如

```
ORG  2000H
DS   10H
```

表示从 2000H 地址开始,保留 16 个连续地址单元。

注意:DB、DW 和 DS 命令只能对程序存储器有效,不能对数据存储器使用。

7. BIT 位定义命令

该命令用于给字符名称赋以位地址,位地址可以是绝对位地址,也可是符号地址。例如

```
                    QA   BIT   P1.6
```

功能是把 P1.6 的位地址赋给变量 QA。

4.2 汇编语言源程序设计和汇编

4.2.1 程序设计步骤

1. 分析问题确立算法

单片机主要应用在工业控制装置和智能仪表方面的。当接到某一设计任务时,要认真分析任务书,必要时可查阅有关资料。分析任务书应做到确立该系统的整体结构和要控制对象,明确该系统要达到的具体工作目的。然后根据实际问题的要求和指令系统的特点,确定解决问题的算法。所谓算法,是指为解决一个问题而采取的方法和步骤。

2. 制定程序流程图

根据所选择的算法，制定出运算的步骤和顺序，绘制流程图。所谓流程图，是利用一些带方向的线段、框图等说明程序的执行过程，是程序的一种图解表示法。流程图可使设计者直接了解整个系统及各部分之间的相互关系，同时也反映出操作顺序，因而有助于分析出错的原因。

3. 分配存储单元

单片机中相同存储空间可作不同用途，如同一片内 RAM 空间可做数据区、堆栈区、位寻址区、工作寄存器区等。为避免使用时造成数据混乱，应在编程序前划分好每一个空间的具体功能。

4. 编写汇编语言源程序

根据流程图用汇编语言的指令实现流程图中每一个步骤，即用指令系统中的指令和伪指令去代替流程图中的每一个框图，从而编写出汇编语言源程序。

5. 静态检查

程序编好后不应急于上机，而是应该逐条检查，看是否具有要求的功能。易出错的地方（如循环次数、转移条件等）应重点检查。逐条检查无误后，再上机调试。

6. 调试、优化程序

将编写好的程序在仿真器上以单步、断点、连续等方式运行。对程序进行测试，排除程序中的错误，直到正确为止，称为调试程序。优化程序是指缩短程序的长度，加快运行速度、节省数据存储单元。这是程序设计的原则。在程序设计中，经常用循环程序和子程序的形式来缩短程序的长度，通过改进算法和正确使用指令来节省存储单元和减少程序的执行时间。

4.2.2 源程序的汇编

源程序的汇编可分为手工汇编和机器汇编两类。

1. 手工汇编

通过查指令的机器代码表，逐个把助记符指令"翻译"成机器代码，再进行调试和运行。

手工汇编遇到相对转移偏移量的计算时，较麻烦，易出错，只有小程序或受条件限制时才使用。实际中，多采用"汇编程序"来自动完成汇编。

2. 机器汇编

用微型计算机上的软件（汇编程序）来代替手工汇编。在微机上用编辑软件进行源程序编辑，然后生成一个 ASCII 码文件，扩展名为".ASM"。在微机上运行汇编程序，译成机器码。

机器码通过微机的串口（或并口）传送到用户样机（或在线仿真器），进行程序的调试和运行。

有时，在分析某些产品的程序的机器代码时，需将机器代码翻译成汇编语言源程序，称为"反汇编"。

【例4-2】 表4-1是一段源程序的汇编结果，通过手工汇编来验证下面的汇编结果是否正确。机器码从1000H单元开始存放。

表4-1 源程序及汇编结果

汇编语言源程序		汇编后的机器代码	
标号	助记符指令	地址（十六进制）	机器代码（十六进制）
START：	MOV A，#08H	1000	74 08
	MOV B，#76H	1002	75 F0 76
	ADD A，A	1005	05 E0
	ADD A，B	1007	05 F0
	LJMP START	1009	02 20 00

4.3 基本程序结构

4.3.1 简单程序设计

简单程序又称顺序程序。计算机是按指令在存储器中存放的先后次序来顺序执行程序的，除非用特殊指令让它跳转，不然它会在PC控制下执行。

【例4-3】 编写5+6的程序。

首先用ADD A，R_n 指令，该指令是将寄存器 R_n 中的数与累加器A中的数相加，结果存于A中，这就要求先将1和2分别送到A中和寄存器 R_n 中，而 R_n 有四组，每组有八个单元R0~R7，首先要知道 R_n 在哪组，默认值（不设定值）是第0组，在同一个程序中，同组中的 R_n 不能重复使用，不然会数据出错，唯独A可反复使用，不出问题。明确了这些后，可写出程序如下：

```
ORG  0000H      ;确定下面这段程序在存储器中的首地址，必不可少的
MOV  R2, #06    ;6 送 R2
MOV  A, #05     ;5 送 A
ADD  A, R2      ;相加，结果11存于A中
END             ;程序结束标志，必不可少的
```

该程序若用ADD A，direct指令编程时，可写出如下程序：

```
ORG  0000H
MOV  30H, #06
```

```
MOV   A, #05
ADD   A, 30H
END
```

该程序若用 ADD　A, @Ri 指令编程时, 可写出如下程序:

```
ORG   0000H
MOV   R0, #20H
MOV   20H, #06
MOV   A, #05
ADD   A, @R0
END
```

注意间接寻址方式的用法, Ri ($i=0$, 1), 即 Ri 只有 R0 和 R1。

该程序若用 ADD　A, #data 指令编程时, 可写出如下程序:

```
ORG   0000H
MOV   A, #05
ADD   A, #06
END
```

从以上例子可见, 同一个程序有多种编写方法, 思路不同编出来的程序不同, 但结果都一样。我们认为最后一个程序较好。加法有多种: 无进位加法、有进位加法、有符号加法、有无符号加法, 还有浮点数的加法、单字节加法、双字节加法、多字节加法等。以上加法程序是最简单的形式。

4.3.2　分支程序设计

在处理实际事务中, 只用简单程序设计的方法是不够的。因为大部分程序总包含有判断、比较等情况, 需根据判断、比较的结果转向不同的分支。

下面举两个分支程序的例子。

【例 4-4】　两个无符号数比较大小。

设两个连续外部 RAM 单元 ST1 和 ST2 中存放不带符号的二进制数, 找出其中的大数存入 ST3 单元中。

流程图见图 4-1。

程序如下:

```
ORG   8000H
ST1   EQU   8040H
```

```
START1: CLR    C                  ;进位位清零
        MOV    DPTR, #ST1         ;设数据指针
        MOVX   A, @DPTR           ;取第一数
        MOV    R2, A              ;暂存R2
        INC    DPTR
        MOVX   A, @DTPR           ;取第二个数
        SUBB   A, R2              ;两数比较
        JNC    BIG1
        XCH    A, R2              ;第一数大
BIG0:   INC    DPTR
        MOVX   @DPTR, A           ;存大数
        SJMP   $
BIG1:   MOVX   A, @DPTR           ;第二数大
        SJMP   BIG0
        END
```

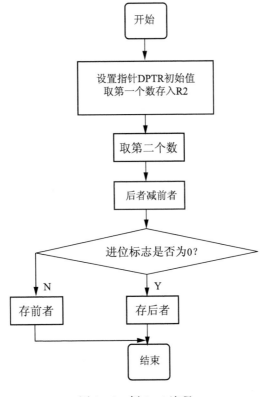

图 4-1 例 4-4 流程

上面程序中,用减法指令 SUBB 来比较两数的大小。由于这是一条带借位的减法指令,在执行该指令前,先把进位位清零。用减法指令通过借位(CY)的状态判断两数的大小,是两个无符号数比较大小时常用的方法。设两数 X,Y,当 X≥Y 时,用 X－Y 结果无借位(CY)产生;反之借位为 1,表示 X＜Y。用减法指令比较大小,会破坏累加器中的内容,故作减法前先保存累加器中的内容。执行 JNC 指令后,形成了分支。执行 SJMP 指令后,实现程序的转移。

【例 4-5】 将 ASCII 码表的 ASCII 码转换为十六进制数,如果 ASCII 码不能转换成十六进制数,用户标志位置 1。

由 ASCII 码表可知,30H ~ 39H 为 0 ~ 9 的 ASCII 码,41H ~ 46H 为 A ~ F 的 ASCII 码。在这一范围内的 ASCII 码减 30H 或 37H 就可以获得对应的十六进制数。设 ASCII 码放在累加器 A 中,转换结果放回 A 中。流程图见图 4-2。

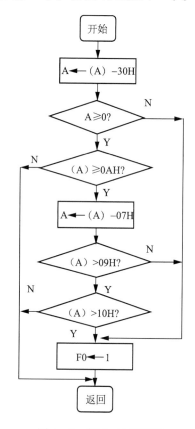

图 4-2 例 4-5 流程图

程序如下:

```
        ORG   0000H
START:  CLR   C
```

```
                SUBB   A, #30H
                JC     NASC             ; (A) <0, 不是十六进制数
                CJNE   A, #0AH, MM
        MM:     JC     ASC              ; 0 = (A) <0AH, 是十六进制数
                SUBB   A, #07H
                CJNE   A, #0AH, NN
        NN:     JC     NASC
                CJNE   A, #10H, LL
        LL:     JC     ASC
        NASC:   SETB   F0
        ASC:    RET
                END
```

4.3.3 循环程序设计

在程序设计中，只有简单程序和分支程序是不够的。因为简单程序，每条指令只执行一次，而分支程序根据条件的不同，会跳过一些指令，执行另一些指令。它们的特点是：每一条指令至多执行一次。在处理实际事务时，有时会遇到多次重复处理的问题，用循环程序的方法来解决就比较合适。循环程序中的某些指令可以反复执行多次。采用循环程序，使程序缩短，节省存储单元。重复次数越多，循环程序的优越性就越明显，但是程序的执行时间并不节省。由于要有循环准备、结束判断等指令，速度要比简单程序稍慢些。

循环程序一般由五部分组成：

（1）初始化部分：为循环程序做准备，如设置循环次数计数器的初值，地址指针置初值，为循环变量赋初值等。

（2）处理部分：为反复执行的程序段，是循环程序的实体。

（3）修改部分：每执行一次循环体后，对指针作一次修改，使指针指向下一数据所在位置，为进入下一轮处理作准备。

（4）控制部分：根据循环次数计数器的状态或循环条件，检查循环是否能继续进行。若循环次数到或循环条件不满足，应退出循环；否则继续循环。

通常（2）、（3）、（4）部分又称为循环体。

（5）结束部分：分析及存放执行结果。

循环程序的结构一般有两种形式：

（1）先进入处理部分，再控制循环。这种形式至少执行一次循环体，如图 4-3（a）所示。

（2）先控制循环，后进入处理部分。这种形式先根据判断结果，控制循环

的执行与否，有时可以不进入循环体就退出循环程序，如图 4-3（b）所示。

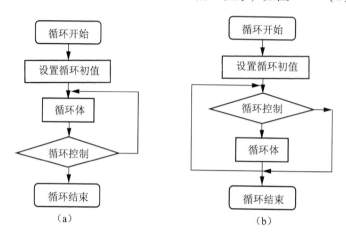

图 4-3 循环流程图

循环结构的程序，不论是先处理后判断，还是先判断后处理，其关键是控制循环的次数。根据需要解决问题的实际情况，对循环次数的控制有多种。循环次数已知的，可以用计数器来控制循环；循环次数未知的，可以按条件控制循环，也可以用逻辑尺控制循环。

循环程序又分单循环和多重循环。下面举例说明循环程序的使用。

1. 单循环程序

1）循环次数已知的循环程序

【例 4-6】 将 40H 为起点的 8 个单元清零。

程序如下：

```
        ORG   0000H
CLEAR:  CLR   A              ;A 清零
        MOV   R0, #40H       ;确定清零单元起始地址
        MOV   R7, #08        ;确定要清除的单元个数
LOOP:   MOV   @R0, A         ;清单元
        INC   R0             ;指向下一个单元
        DJNZ  R7, LOOP       ;控制循环
        END
```

此程序的第 2~4 句为设定循环初值，第 5~7 句为循环体。

以上是内部 RAM 单元清零，也可清外部 RAM 单元。

【例 4-7】 设有 50 个外部 RAM 单元要清零，即为循环次数存放在 R2 寄存器中，其首址存放在 DPTR 中，设为 2000H。

程序如下：

```
        ORG   0000H
        MOV   DPTR, #2000H
CLEAR:  CLR   A
        MOV   R2, #32H         ;置计数值
LOOP:   MOVX  @DPTR, A
        INC   DPTR             ;修改地址指针
        DJNZ  R2, LOOP         ;控制循环
        END
```

本例中循环次数是已知，用 R2 作循环次数计数器，用 DJNZ 指令修改计数器值，并控制循环的结束与否。

【例 4 - 8】 多个单字节数据求和。

已知有 n 个单字节数据，依次存放在内部 RAM 40H 单元开始的连续单元中。要求把计算结果存入 R2，R3 中（高位存 R2，低位存 R3）。

程序如下：

```
        ORG   8000H
SAD:    MOV   R0, #40H         ;设数据指针
        MOV   R5, #NUN         ;计数值 0AH→R5
SAD1:   MOV   R2, #0           ;和的高 8 位清零
        MOV   R3, #0           ;和的低 8 位清零
LOOP:   MOV   A, R3            ;取加数
        ADD   A, @R0
        MOV   R3, A            ;存和的低 8 位
        JNC   LOP1
        INC   R2               ;有进位，和的高 8 位 +1
LOP1:   INC   R0               ;指向下一数据地址
        DJNZ  R5, LOOP
        RET
        NUN   EQU  0AH
        END
```

上述程序中，用 R0 作间址寄存器，每作一次加法，R0 加 1，数据指针指向下一个数据地址，R5 为循环次数计数器，控制循环的次数。

2）循环次数未知的循环程序

以上介绍的几个循环程序例子,它们的循环次数都是已知的,适合用计数器置初值的方法。而有些循环程序事先不知道循环次数,不能用以上方法。这时需要根据循环条件的成立与否,或用建立标志的方法,控制循环程序的结果。

【例4-9】 将内部 RAM 起始地址为 60H 的数据串传送到外部 RAM 中起始地址为 1000H 的存储区域,直到发现"$"字符停止传送。流程如图 4-4 所示。

程序如下:

```
MAIN:  MOV   R0, #60H         ;置初值
       MOV   DPTR, #1000H
LOOP0: MOV   A, @R0            ;取数据
       CJNE  A, #24H, LOOP1   ;判断循环是否结束
       SJMP  DONE              ;是
LOOP1: MOVX  @DPTR, A          ;循环处理
       INC   R0                ;循环修改
       INC   DPTR
       SJMP  LOOP0             ;继续循环
DONE:  SJMP  DONE              ;结束处理
```

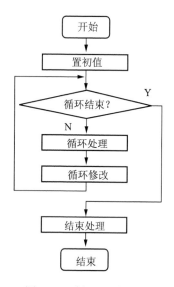

图 4-4 例 4-9 流程图

2. 循环程序在数据传送方面的应用

【例4-10】 将内部 RAM 以 40H 为起始地址的八个单元中的内容传到以

60H 为起始地址的八个单元中。

程序如下：

```
        ORG   0000H
        MOV   R0, #40H      ; 确定内部 RAM 取数单元的起始地址
        MOV   A, @R0        ; 读出数送 A 暂存
        MOV   R1, #60H      ; 确定内部 RAM 存数单元的起始地址
        MOV   @R1, A        ; 送数到 60H 单元
        MOV   R7, #08       ; 确定送数的个数
LOOP:   INC   R0            ; 取数单元加 1, 指向下一个单元
        INC   R1            ; 存数单元加 1, 指向下一个单元
        MOV   A, @R0        ; 读出数送 A 暂存
        MOV   @R1, A        ; 送数到新单元
        DJNZ  R7, LOOP      ; 八个送完了吗? 未完转到 LOOP 继续送
        END                 ; 送完了顺序执行, 结束
```

【例 4-11】 将内部 RAM 以 40H 为起始地址的八个单元中的内容传到外部存储器以 2000H 为起始地址的八个单元中。

程序如下：

```
        ORG   0000H
        MOV   R0, #40H      ; 确定内部 RAM 取数单元的起始地址
        MOV   A, @R0        ; 读出数送 A 暂存
        MOV   DPTR, #2000H  ; 确定外部存储器存数单元的起始地址
        MOVX  @DPTR, A      ; 送数到 2000H 单元
        MOV   R7, #08       ; 确定送数的个数
LOOP:   INC   R0            ; 取数单元加 1, 指向下一个单元
        INC   DPTR          ; 存数单元加 1, 指向下一个单元
        MOV   A, @R0        ; 读出数送 A 暂存
        MOVX  @DPTR, A      ; 送数到新单元
        DJNZ  R7, LOOP      ; 八个送完了吗? 未完转到 LOOP 继续送
        END                 ; 送完了顺序执行, 结束
```

【例 4-12】 将外部存储器以 2000H 为起始地址的八个单元中的内容传到外部存储器以 4000H 为起始地址的八个单元中。

程序如下：

```
        ORG   0000H
```

```
            MOV   R2, #00H        ;定外部存储器取数单元的起始地址低字节
            MOV   R3, #20H        ;定外部存储器取数单元的起始地址高字节
            MOV   R4, #00H        ;定外部存储器存数单元的起始地址低字节
            MOV   R5, #40H        ;定外部存储器存数单元的起始地址高字节
            MOV   R7, #08         ;定送数的个数
     LOOP:  MOV   DPL, R2
            MOV   DPH, R3
            MOV   A, @DPTR        ;读出2000单元的数送A暂存
            MOV   DPL, R4
            MOV   DPH, R5
            MOVX  @DPTR, A        ;送数到4000H单元
            INC   R2              ;取数单元加1，指向下一个单元
            INC   R4              ;存数单元加1，指向下一个单元
            DJNZ  R7, LOOP        ;8个送完了吗？未完转到LOOP继续送
            SJMP  $
            END                   送完了顺序执行，结束
```

此程序传数的最大个数为 FFH 即 256 个，超过此数该程序就有问题，该问题出在高字节不能改变，要使高字节也能变，程序要作如下变动：

```
            ORG   0000H
            MOV   R2, #00H        ;定外部存储器取数单元的起始地址低字节
            MOV   R3, #20H        ;定外部存储器取数单元的起始地址高字节
            MOV   R4, #00H        ;定外部存储器存数单元的起始地址低字节
            MOV   R5, #40H        ;定外部存储器存数单元的起始地址高字节
            MOV   R6, #08H        ;定送数的个数低字节
            MOV   R7, #04H        ;定送数的个数高字节
            MOV   A, R7
            JZ    LOP2
            JNZ   LOP             ;以上三句用于判断R7高字节是否为0
     LOP1:  MOV   DPL, R2
            MOV   DPH, R3
            MOV   A, @DPTR        ;读出2000单元的数送A暂存
            INC   DPTR            ;取数单元加1，指向下一个单元
            MOV   R2, DPL
            MOV   R3, DPH         ;新地址送R2、R3，为送下一个做准备
```

```
        MOV   DPL, R4
        MOV   DPH, R5
        MOVX  @DPTR, A       ; 送数到 4000H 单元
        INC   DPTR           ; 存数单元加 1，指向下一个单元
        MOV   R4, DPL
        MOV   R5, DPH        ; 新地址送 R4、R5，为送下一个作准备
LOP:    DJNZ  R7, LOP1       ; 高字节送完了吗？未完转到 LOP1 继续送
LOP2:   DJNZ  R6, LOP1       ; 未完接着转去送低字节，完了顺序执行
        SJMP  $
        END                  ; 结束程序
```

3. 多重循环程序

如果在一个循环体中又包含了其他的循环程序，即循环中还套着循环，这种程序称为多重循环程序。

【例 4 – 13】 10s 延时程序。

延时程序与 MCS – 51 执行指令的时间有关，如果使用 6MHz 晶振，一个机器周期为 2μs，计算执行一条指令以至一个循环所需要的时间，给出相应的循环次数，便能达到延时的目的。

程序如下：

```
DEL:   MOV   R5, #100
DEL0:  MOV   R6, #200
DEL1:  MOV   R7, #248
DEL2:  DJNZ  R7, DEL2        ; 248*+4
       DJNZ  R6, DEL1        ; (248*2+4)*200+4
       DJNZ  R5, DEL0        ; (248*+4)*200+4)*100+4
       RET
```

例 4 – 13 中的延时程序实际延时为 10.000406s。它是一个三重循环程序，利用程序嵌套的方法对时间实行延迟是程序设计中常用的方法。

使用多重循环程序时，必须注意以下几点：

(1) 循环嵌套，必须层次分明，不允许产生内外层循环交叉。

(2) 外循环可以一层层向内循环进入，结束时由里往外一层层退出。

(3) 内循环体可以直接转入外循环体，实现一个循环由多个条件控制的循环结构方式。

4.4 子程序和参数传递方法

在实际程序中,常常会多次进行一些相同的计算和操作,如数制转换、函数式计算等。如果每次都从头开始编制一段程序,不仅麻烦,而且浪费存储空间。因此对一些常用的程序段,以子程序的形式,事先存放在存储器的某一区域,当主程序在运行时,需要用子程序时,只要执行调用子程序的指令,使程序转至子程序。子程序处理完毕,返回主程序,继续进行以后的操作。

调用子程序有几个优点:
(1) 避免对相同程序段的重复编制。
(2) 简化程序的逻辑结构,同时也便于子程序调试。
(3) 节省存储器空间。

MCS-51 指令系统中,提供了两条调用子程序指令 ACALL 及 LCALL 和一条返回主程序的指令 RET。

子程序的调用一般包含两个部分:保护现场和恢复现场。由于主程序每次调用子程序的工作是事先安排的,根据实际情况,有时可以省去保护现场的工作。

调用子程序时,主程序应先把有关的参数(入口参数)存放在约定的位置,子程序在执行时,可以从约定的位置取得参数,当子程序执行完,将得到的结果(出口参数)存入约定的位置,返回主程序后,主程序可以从这些约定的位置上取到需要的结果,这就是参数的传递。

4.4.1 子程序概念

子程序是完成一定功能并能被其他程序反复调用的程序段。采用子程序后,同一个程序段就可不必每次重新书写,而只需书写一次。当一个程序中需要用到子程序的功能时,只需要对子程序进行一次调用即可。调用子程序的程序称为主程序或调用程序。在子程序中也可以调用另外的子程序,称为子程序嵌套。

4.4.2 现场保护与恢复

主程序在运行过程中使用了一些寄存器,在子程序中可能也要用到这些寄存器。为了避免主程序中还有用的内容被子程序覆盖掉,在执行子程序前必须设法保护这些寄存器的内容,称为现场保护。在执行完子程序返回主程序前,还要恢复这些寄存器的内容,称为现场恢复。程序如下所示:

在主程序中实现:

```
PUSH    PSW             ;保护现场(含当前工作寄存器组号)
PUSH    ACC
```

```
PUSH    B
MOV     PSW, #10H           ;切换当前工作寄存器组
LCALL   addr16              ;子程序调用
POP     B                   ;恢复现场
POP     ACC
POP     PSW                 ;含当前工作寄存器组切换
```

在子程序中实现：

```
SUB1:   PUSH    PSW         ;保护现场（含当前工作寄存器组号）
        PUSH    ACC
        PUSH    B
        MOV     PSW, #10H   ;切换当前工作寄存器组
        ……
        POP     B           ;恢复现场
        POP     ACC
        POP     PSW         ;内含当前工作寄存器组切换
        RET
```

4.4.3 参 数 传 递

1. 工作寄存器或累加器传递参数

此方法是把入口参数或出口参数放在工作寄存器或累加器中的方法。使用这种方法的程序最简单，运算速度也最高。它的缺点是：工作寄存器数量有限，不能传递太多的数据；主程序必须先把数据送到工作寄存器；参数个数固定，不能由主程序任意改变。

【例 4 – 14】 累加器内的一个十六进制数的 ASCII 字符转换为一位十六进制数存放于 A。

根据十六进制数和它的 ASCII 字符编码之间的关系，可以编出程序如下：

```
        ORG     0000H
ASCH:   CLR     C
        SUBB    A, #30H
        CJNE    A, #10, LL
LL:     JC      AH
        SUBB    A, #07
AH:     RET
```

END

2. 用指针寄存器来传递参数

由于数据一般存放在存储器中，而不是工作寄存器中，故可用指针来指示数据的位置，这样可以大大节省传递数据的工作量，并可实现可变长度运算。一般如果参数在内部 RAM 中，可用 R0 或 R1 作指针。可变长度运算时，可用一个寄存器来指出数据长度，也可在数据中指出其长度（如使用结束标记符）。

【例 4-15】 将（R0）和（R1）指出的内部 RAM 中两个 3 字节无符号整数相加，结果送（R0）指出的内部 RAM 中。

入口时，(R0) 和 (R1) 分别指向加数和被加数的低位字节；

出口时，(R0) 指向结果的高位字节。

```
        ORG   0000H
NADD:   MOV   R7, #3
        CLR   C
NADD1:  MOV   A, @R0
        ADDC  A, @R1
        MOV   @R0, A
        DEC   R0
        DEC   R1
        DJNZ  R7, NADD1
        INC   R0
        RET
        END
```

3. 用堆栈来传递参数

堆栈可以用于传递参数。调用时，主程序可用 PUSH 指令把参数压入堆栈中。之后子程序可按栈指针访问堆栈中的参数，同时可把结果参数送回堆栈中。返回主程序后，可用 POP 指令得到这些结果参数。这种方法的优点是：简单，能传递大量参数，不必为特定的参数分配存储单元。使用这种方法时，由于参数在堆栈中，故大大简化了中断响应时的现场保护。

实际使用时，不同的调用程序可使用不同的技术来决定或处理这些参数。下面以几个简单的例子说明用堆栈来传递参数的方法。

【例 4-16】 将内部 RAM 中 20H 单元中的 1 个字节十六进制数转换为 2 位 ASCII 码，存放在 R0 指示的两个单元中。

入口：预转换数据（低半字节）在栈顶；

出口：转换结果（ASCII 码）在栈顶。

```
HEASC: MOV    R1, SP      ;借用 R1 为堆栈指针
       DEC    R1
       DEC    R1          ;R1 指向被转换数据
       XCH    A, @R1      ;取被转换数据
       ANL    A, #0FH     ;取一位十六进制数
       ADD    A, #2       ;偏移调整，所加值为 MOVC 与 DB 间总字节数
       MOVC   A, @A+PC    ;查表
       XCH    A, @R1      ;1 字节指令，存结果于堆栈中
       RET                ;1 字节指令
ASCTAB: DB    30H, 31H, 32H, 33H, 34H, 35H, 36H, 37H
        DB    38H, 39H, 41H, 42H, 43H, 44H, 45H, 46H
        END
```

【例 4 – 17】 把内部 RAM 中 50H、51H 的双字节十六进制数转换为四位 ASCII 码，存放于 (R1) 指向的四个内部 RAM 内部单元。我们可以利用如下方法调用例 4 – 3 中的子程序。

```
       ORG    0000H
HA24:  MOV    A, 50H
       SWAP   A
       PUSH   ACC
       ACALL  HASC
       POP    ACC
       MOV    @R1, A
       INC    R1
       PUSH   50H
       ACALL  HASC
       POP    ACC
       MOV    @R1, A
       INC    R1
       MOV    A, 51H
       SWAP   A
       PUSH   ACC
       ACALL  HASC
       POP    ACC
```

```
        MOV   @R1, A
        INC   R1
        PUSH  51H
        ACALL HASC
        POP   ACC
        MOV   @R1, A
        SJMP  $
        END
```

HASC 子程序只完成了一位十六进制数到 ASCII 码的转换,对于一个字节中两个十六进制数,需由主程序把它分成两个一位十六进制数,然后两次调用 HASC,才能完成转换。

对于需多次使用该功能的程序的场合,需占用很多程序空间。下面介绍把一个字节的两位十六进制数变成两位 ASCII 码的子程序。

该程序仍采用堆栈来传递参数,但现在传到子程序的参数为一个字节,传回到主程序的参数为两个字节,这样堆栈的大小在调用前后是不一样的。在子程序中,必须对堆栈内的返回地址和栈指针进行修改。

4. 程序段参数传递

以上这些参数传递方法,多数是在调用子程序前,把值装入适当的寄存器传递参数。如果有许多常数参数,这种技术不太有效,因为每个参数需要一个寄存器传递,并且在每次调用子程序时需分别用指令把它们装入寄存器中。

如果需要大量参数,并且这些参数均为常数时,程序段参数传递方法(有时也称为直接参数传递)是传递常数的有效方法。调用时,常数作为程序代码的一部分,紧跟在调用子程序后面。子程序根据栈内的返回地址,决定从何处找到这些常数,然后在需要时,从程序存储器中读出这些参数。

【例 4 – 18】 字符串发送子程序。

在实际应用中,经常需要发送各种字符串。这些字符串,通常放在 EPROM (程序存储器) 中。按常用方法,需要先把这些字符装入 RAM 中,然后用传递指针的方法来实现参数传递。为了简便,也可把字符串放在 EPROM 独立区域中,然后用传递字符串首地址的方法来传递参数。以后子程序可按该地址用 MOVC 指令从 EPROM 中读出并发送该字符串。但是最简单的方法是采用程序段参数传递方法。本例中,字符串全以 0 结束。

```
        ORG   0000H
SOUT:   POP   DPH         ;栈中指针
        POP   DPL
```

```
SOT1: CLR    A
      MOVC   A, @A+DPTR
      INC    DPTR
      JZ     SEND
      JNB    TI, $           ; $ 为本条指令地址
      CLR    TI
      MOV    SBUF, A
      SJMP   SOT1
SEND: JMP    @A+DPTR
      SJMP   $
      END
```

下面以发送字符串"MCS-51 CONTROLLER"为例,说明该子程序使用方法。

```
ACALL   SOUT
DB      "MCS-51 CONTROLLER"
DB      0AH, 0DH, 0
……
```

后面紧接其他程序。

上面这种子程序有几个特点:

(1) 它不以一般的返回指令结尾,而是采用基寄存器加变址寄存器间接转移指令来返回到参数表后的第一条指令。一开始的 POP 指令已调整了栈指针的内容。

(2) 它可适用于 ACALL 或 LCALL。因为这两种调用指令均把下一条指令或数据字节的地址压入栈中。调用程序可位于 MCS-51 全部地址空间的任何地方,因为 MOVC 指令能访问所有 64K 字节。

(3) 传递到子程序的参数可按最方便的次序列表,而不必按使用的次序排列。子程序在每一条 MOVC 指令前向累加器装入适当的参数,这样基本上可"随机访问"参数表。

(4) 子程序只使用累加器 A 和数据指针 DPTR,应用程序可以在调用前,把这些寄存器压入堆栈中,保护它们的内容。

前面介绍了四种基本的参数传递方法,实际上,可以按需要合并使用两种或几种参数传递方法,以达到减少程序长度、加快运行速度、节省工作单元等目标。

4.5 查表程序设计

查表程序是一种常用程序,它广泛使用于 LED 显示器控制、打印机打印、数据补偿、计算和转换等功能程序中,具有程序简单、执行速度快等优点。

查表,就是根据变量 x 在表格中查找 y,使 $y = f(x)$。

下面介绍几种常用查表方法及程序。

1. 用 MOVC A,@A+PC 查表指令编程

【例 4 - 19】 用查表方法编写彩灯控制程序,编程使彩灯先顺次点亮,再逆次点亮,然后连闪三下,反复循环。

程序如下:

```
        ORG     0000H
START:  MOV     R0,#00H
LOOP:   CLR     A
        MOV     A,R0
        ADD     A,#0CH
        MOVC    A,@A+PC
        CJNE    A,#03H,LOOP1
        LJMP    START
LOOP1:  MOV     P1,A
        ACALL   DEL
        INC     R0
        LJMP    LOOP
TAB:    DB      01H,02H,04H,08H,10H,20H,40H,80H
        DB      80H,40H,20H,10H,08H,04H,02H,01H
        DB      00H,0FFH,00H,0FFH,00H,0FFH,03H
DEL:    MOV     R7,#0FFH
DEL1:   MOV     R6,#0FFH
DEL2:   DJNZ    R6,DEL2
        DJNZ    R7,DEL1
        RET
        END
```

2. 用 MOVC A,@A+DPTR 查表指令编程

【例 4 - 20】 用查表方法编写彩灯控制程序,编程使彩灯先顺次点亮,再

逆次点亮，然后连闪三下，反复循环。

程序如下：

```
        ORG     0000H
START:  MOV     DPTR, #TABLE
LOOP:   CLR     A
        MOVC    A, @A+DPTR
        CJNE    A, #03H, LOOP1
        LJMP    START
LOOP1:  MOV     P1, A
        ACALL   DEL
        INC     DPTR
        LJMP    LOOP
TAB:    DB      01H, 02H, 04H, 08H, 10H, 20H, 40H, 80H
        DB      80H, 40H, 20H, 10H, 08H, 04H, 02H, 01H
        DB      00H, 0FFH, 00H, 0FFH, 00H, 0FFH, 03H
DEL:    MOV     R7, #0FFH
DEL1:   MOV     R6, #0FFH
DEL2:   DJNZ    R6, DEL2
        DJNZ    R7, DEL1
        RET
        END
```

4.6 散转程序设计

散转程序是分支程序的一种。它由输入条件或运算结果来确定转入各自的处理程序。有多种方法能实现散转程序，但通常用逐次比较法，即把所有各个情况逐一进行比较，若有符合便转向对应的处理程序。由于每一个情况都有判断和转移，如对 n 个情况，需要 n 个判断和转移，因此它的缺点是程序比较长。MCS-51 指令系统中有一条跳转指 JMP @ ADPTR，用它可以容易地实现散转功能。该指令是把累加器 A 的 8 位无符号数（作地址的低 8 位）与 16 位数据指针的内容相加，将其和送入程序计数器，作为转移指令的地址。执行 JMP @ A + DPTR 指令后，累加器和 16 位数据指针的内容均不受影响。

下面介绍几种实现散转程序的方法。

1. 用转移指令表实现散转

在许多场合中，要根据某一单元的值 0，1，2，…，n 分别转向处理程序 0，处理程序 1，……，处理程序 n。这时可以用转移指令 AJMP（或 LJMP）组成一个转移表。

【例 4－21】 根据 R6 的内容，转向各个处理程序。

R6＝0，转 LOP0
R6＝1，转 LOP1
R6＝2，转 LOP2

把转移标志，送到累加器 A，转移表首地址送到 DPTR，利用 JMP @A＋DPTR 实现转移。

标号为 LOP0 的程序为由 P1 口控制的彩灯两端向中间点亮，标号为 LOP1 的程序为由 P1 口控制的彩灯左移顺次点亮，标号为 LOP2 的程序为由 P1 口控制的彩灯右移顺次点亮。

程序如下：

```
        ORG   0000H
        MOV   DPTR, #TAB1
        MOV   A, R6
        ADD   A, R6
        JNC   PAD
        INC   DPH
PAD:    JMP   @A+DPTR
TAB1:   AJMP  LOP0
        AJMP  LOP1
        AJMP  LOP2
LOP1:   MOV   A, #0FEH
LP1:    MOV   P1, A
        ACALL DEL
        RL    A
        AJMP  LP1
        RET
LOP2:   MOV   A, #7FH
LP2:    MOV   P1, A
        ACALL DEL
        RR    A
        AJMP  LP2
        RET
```

```
LOP0: MOV    R0, #00H
LOOP: CLR    A
      MOV    A, R0
      ADD    A, #0CH
      MOVC   A, @A+PC
      CJNE   A, #03H, LOOP1
      LJMP   START
LOOP1: MOV   P1, A
      ACALL  DEL
      INC    R0
      LJMP   LOOP
TAB:  DB     81H, 42H, 24H, 18H, 03H
DEL:  MOV    R4, #0FFH
DEL1: MOV    R3, #0FFH
DEL2: DJNZ   R3, DEL2
      DJNZ   R4, DEL1
      RET
      END
```

本例仅适用于散转表首地址 TAB1 和处理程序入口地址 LOP0，LOP1，…，LOPn 在同一个 2K 范围的存储区的情况。如果一个 2K 范围的存储区内放不下所有的处理程序，把一些较长的处理程序放在其他存储区域，只要在该处理程序的入口地址内用 LJMP 指令即可。方法有两种：

（1）例如处理程序 LOP0、LOP3 比较长，要把两个程序转至其他区域，分别把它们的入口地址用符号 LLOP0、LLOP3 表示，以实现程序的转移。

程序如下：

```
LOP0: LJMP   LLOP0
LOP3: LJMP   LLOP3
```

（2）可以直接用 LJMP 指令组成转移表。由于 LJMP 是 3 字节的指令，在组成指令转移表时，当执行 JMP @A+DPTR 指令时，可能出现 DPTR 低 8 位向高 8 位的进位，用加法指令对 DPTR 直接修改来实现。

程序如下：

```
      ORG    0000H
PJ2:  MOV    DPTR, #TAB2
```

```
        CLR     C
        MOV     R5，#0
        MOV     A，R6
        RLC     A                   ;R6*2
        JNC     AD1
        INC     R5                  ;有进位，高8位加1
AD1：   ADD     A，R6               ;R6*3
        JNC     AD2
        INC     R5                  ;有进位，高8位加1
AD2：   MOV     A，R5
        ADD     A，DPH              ;DPTR高8位调整
        MOV     A，R6
        JMP     @A+DPTR             ;得散转地址
TAB2：  LJMB    LOP0
        LJMP    LOP1
        ……
        LJMP    LOPn
        END
```

用 AJMP 组成的散转表为二字节一项，而用 LJMP 组成的散转表则为三字节一项，根据 R6 中的内容或乘 2，或乘 3 得每一个处理程序的入口地址表指针。

2. 用转移地址表实现散转

当转向范围比较大时，可直接使用转向地址表方法，即把每个处理程序的入口地址直接置于地址表内。用查表指令，找到对应的转向地址，把它装入 DPTR 中。将累加器清零后用 JMP @A+DPTR 直接转向各个处理程序的入口。

【例 4-22】 根据 R3 的内容转向对应处理程序。处理程序的入口分别是 LOP0~LOP2。

程序如下：

```
        ORG     0000H
PJ3：   MOV     DPTR,#TAB3
        MOV     A，R3
        ADD     A，R3                ;R3*2
        JNC     CAD
        INC     DPH                  ;有进位DPTR高位加1
```

```
CAD: MOV    R2, A              ;暂存 R2
     MOVC   A, @A+DPTR
     XCH    A, R2              ;处理程序入口地址高 8 位暂存 R2
     INC    A
     MOVC   A, @A+DPTR
     MOV    DPL, A             ;处理程序入口地址低 8 位暂存 DPL
     MOV    DPH, R2
     CLR    A
     JMP    @A+DPTR
TAB3: DW    LOP0
      DW    LOP1
      DW    LOP2
      END
```

本例可实现 64K 范围内的转移，但散转数 n 应小于 256。当 n 大于 256 时，应采用双字节数加法运算修改 DPTR。

习题与思考题

1. 若有两个无符号数 x，y 分别存放在内部存储器 50H，51H 单元中，试编写一个程序实现 $x*10+y$，结果存入 52H，53H 两个单元中。

2. 从内部存储器 20H 单元开始，有 30 个数据。试编一个程序，把其中的正数、负数分别送 51H 和 71H 开始的存储单元，并分别记下正数、负数的个数送 50H 和 70H 单元。

3. 内部存储单元 40H 中有一个 ASCII 码字符，试编一程序，给该数的最高位加上奇校验。

4. 编写一段程序，将存储在自 DATA 单元开始的一个四字节数（高位在前），取补后送回原单元。

5. 以 BUF1 为起始地址的外存储区中，存放有 16 个单字节无符号二进制数，试编一程序，求其平均值并送到 BUF2 单元。

6. 在 DATA1 单元中有一个带符号 8 位二进制数 x。编一程序，按以下关系计算 y 值，并送到 DATA2 单元。

$$y = \begin{cases} x+5 & ; x>0 \\ x & ; x=0 \\ x-5 & ; x<0 \end{cases}$$

7. 设内部 RAM 的 30H 和 31H 单元中有两个带符号数，求出其中的大数并存放在 32H 单元中。

8. 将 DATA 单元存放的以 ASCII 码表示的十六进制数转换成十进制数并存放于 DATA +1 单元。

9. 试编写一个将十六进制数转换成十进制数的子程序。

10. 试编写一个程序，将存储区 DATA1 单元开始的 20 个单字节数据依次与 DATA2 单元为起始地址的 20 个单字节数据进行交换。

11. 试编写一个程序，将存储区 DATA1 单元开始的 50 个单字节数逐一移至 DATA2 单元开始的存储区中。

12. 试编写一个采用查表法求 1~20 的平方数子程序（要求：x 在累加器 A 中，$1 \leqslant x \leqslant 20$，平方数高位存放在 R6，低位在 R7）。

项目四

I/O 口输入输出

一、项目目标

【能力目标】

能够识别 MOV 指令及应用 MOV 指令进行程序的编写。

能够识别 MOVX 指令及应用 MOVX 指令进行程序的编写。

【知识目标】

掌握无条件转移类指令 LJMP、SJMP、AJMP。

掌握单片机四组 I/O 口的应用。

二、项目要求

编写程序,由 P1 口输入数据,P1 口输入的数据由 P0 口输出。

三、硬件设计

实训线路如图 4-5 所示:74LS377 的输入端 1D~8D 接在 AT89S52 的 P0 口,其输出端经过 330Ω 电阻限流接到 8 个发光二极管的负极,P3.6(WR)作为锁存器控制信号接在 74LS377 的时钟端,P2.7 接到允许端,作为片选信号,开关通过 P1 口向单片机输入数据,任意组合开关的输入状态,得到不同的输出状态。

软件设计程序如下:

```
        ORG    0000H          ;程序开始
        AJMP   MAIN           ;跳转到主程序
        ORG    0030H          ;主程序从30H开始
MAIN:   MOV    SP, #60H
        MOV    P1, #0FFH
LP:     MOV    A, P1          ;读入P1口数据
        MOV    DPTR, #7FFFH   ;7FFFH为八位并行输出口地址
        MOVX   @DPTR, A
        SJMP   LP
        END
```

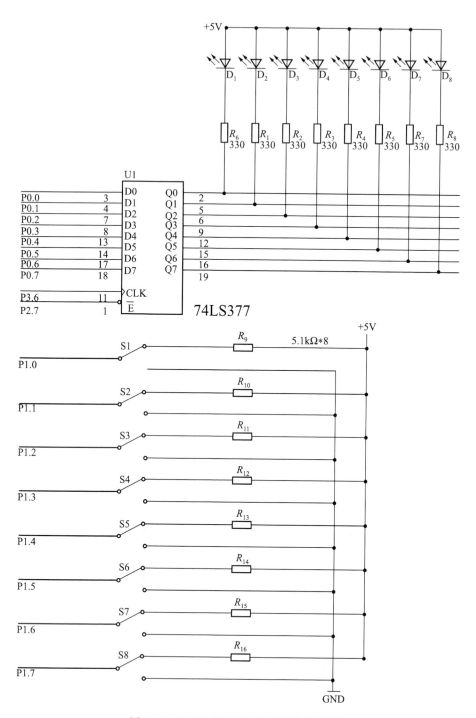

图 4-5　I/O 口输入输出实训电路原理图

四、项目实施

（1）用40芯排线把主机模块和I/O输入输出实验模块连接起来，运行参考程序。

（2）把40芯排线拔掉，用导线把主机和I/O输入输出实训模块连接起来，连接方式自己定义，编写一个程序运行。

五、能力训练

在本项目中，如果要实现八个LED发光二极管构成的跑马灯的亮点右流动，并且每次灯亮的时间为3s，如何编写程序？

第 5 章

MCS–51 的中断系统及定时器/计数器

5.1 MCS-51 单片机的中断系统

5.1.1 MCS-51 中断系统结构

1. 中断的概念

当中断请求源发出中断请求时,如果中断请求被允许,单片机暂时中止当前正在执行的主程序,转到中断服务处理程序处理中断服务请求。中断服务处理程序处理完中断服务请求后,再回到原来被中止的程序之处(断点),继续执行被中断的主程序。

整个中断响应和处理过程如图 5-1 所示。

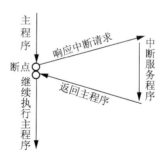

图 5-1 中断响应和处理过程

2. MCS–51 中断系统的结构

中断系统结构图如图 5-2 所示。

中断系统有五个中断请求源(简称中断源),两个中断优先级,可实现两级中断服务程序嵌套。每一中断源可用软件独立控制为允许中断或关中断状态,中断优先级均可用软件来设置。

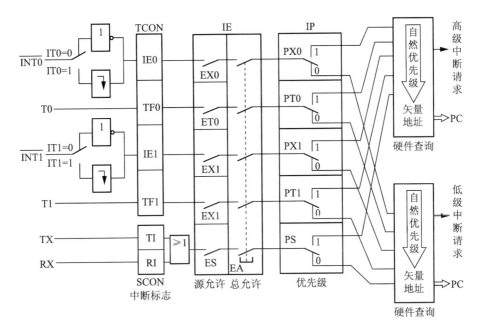

图 5-2 中断系统结构图

5.1.2 MCS-51 的中断源

1. 中断源

MCS-51 中断系统可用图 5-1 来表示。五个中断源是:

(1) $\overline{INT0}$: 来自 P3.2 引脚上的外部中断请求(外中断 0);

(2) $\overline{INT1}$: 来自 P3.3 引脚上的外部中断请求(外中断 1);

(3) T0: 片内定时器/计数器 0 溢出(TF0)中断请求;

(4) T1: 片内定时器/计数器 1 溢出(TF1)中断请求;

(5) 串行口: 片内串行口完成一帧发送或接收中断请求源 TI 或 RI。

每一个中断源都对应有一个中断请求标志位,它们设置在特殊功能寄存器 TCON 和 SCON 中。当这些中断源请求中断时,分别由 TCON 和 SCON 中的相应位来锁存。

2. 中断请求标志

1)定时器控制寄存器 TCON

TCON 是定时器/计数器 0 和 1 (T0, T1)的控制寄存器,它同时也用来锁存 T0, T1 的溢出中断请求源和外部中断请求源。TCON 寄存器中与中断有关的位如下所示:

D7	D6	D5	D4	D3	D2	D1	D0
TF1	TR1	TF0	TR0	IE1	IT1	IE0	IT0

其中：

（1）TF1：定时器/计数器1（T1）的溢出中断标志。当T1从初值开始加1计数到计数满，产生溢出时，由硬件使TF1置"1"，直到CPU响应中断时由硬件复位。

（2）TF0：定时器/计数器0（T0）的溢出中断标志。其作用同TF1。

（3）IE1：外中断1中断请求标志。如果IT1 = 1，则当外中断1引脚$\overline{INT1}$上的电平由1变0时，IE1由硬件置位，外中断1请求中断。在CPU响应该中断时由硬件清零。

（4）IT1：外部中断1（$\overline{INT1}$）触发方式控制位。如果IT1为1，则外中断1为负边沿触发方式（CPU在每个机器周期的S5P2采样$\overline{INT1}$脚的输入电平，如果在一个周期中采样到高电平，在下个周期中采样到低电平，则硬件使IE_1置1，向CPU请求中断）；如果IT1为0，则外中断1为电平触发方式。此时外部中断是通过检测$\overline{INT1}$端的输入电平（低电平）来触发的。采用电平触发时，输入到$\overline{INT1}$的外部中断源必须保持低电平有效，直到该中断被响应。同时在中断返回前必须使电平变高，否则将会再次产生中断。

（5）IE0：外中断0中断请求标志。如果IT0置1，则当$\overline{INT0}$上的电平由1变0时，IE0由硬件置位。在CPU把控制转到中断服务程序时由硬件使IE0复位。

（6）IT0：外部中断源0触发方式控制位。其含义同IT1。

2）串行口控制寄存器SCON

串行口控制寄存器SCON中的低2位用作串行口中断标志，如下所示：

D7	D6	D5	D4	D3	D2	D1	D0
						TI	RI

其中：

（1）RI：串行口接收中断标志。在串行口方式0中，每当接收到第8位数据时，由硬件置位RI；在其他方式中，当接收到停止位的中间位置时置位RI。注意，当CPU转入串行口中断服务程序入口时不复位RI，必须由用户用软件来使RI清零。

（2）TI：串行口发送中断标志。在方式0中，每当发送完8位数据时由硬件置位TI；在其他方式中于停止位开始时置位。TI也必须由软件来复位。

5.1.3 MCS - 51中断的控制

1. 中断允许控制

在MCS - 51中断系统中，中断允许或禁止是由片内的中断允许寄存器IE（IE为特殊功能寄存器）控制的，IE中的各位功能如下：

D7	D6	D5	D4	D3	D2	D1	D0
EA	—	—	ES	ET1	EX1	ET0	EX0

其中：

(1) EA：CPU 中断允许标志。EA = 0，CPU 禁止所有中断，即 CPU 屏蔽所有的中断请求；EA = 1，CPU 开放中断。但每个中断源的中断请求是允许还是被禁止，还需由各自的允许位确定（见 D4 ~ D0 位说明）。

(2) ES：串行口中断允许位。ES = 1，允许串行口中断；ES = 0，禁止串行口中断。

(3) ET1：定时器/计数器 1（T1）的溢出中断允许位。ET1 = 1，允许 T1 中断；ET1 = 0，禁止 T1 中断。

(4) EX1：外部中断 1 中断允许位。EX1 = 1，允许外部中断 1 中断；EX1 = 0，禁止外部中断 1 中断。

(5) ET0：定时器/计数器 0（T0）的溢出中断允许位。ET0 = 1，允许 T0 中断；ET0 = 0，禁止 T0 中断。

(6) EX0：外部中断 0 中断允许位。EX0 = 1，允许外部中断 0 中断；EX0 = 0，禁止外部中断 0 中断。

中断允许寄存器中各相应位的状态，可根据要求用指令置位或清零，从而实现该中断源允许中断或禁止中断，复位时 IE 寄存器被清零。

2. 中断优先级控制

MCS - 51 中断系统提供两个中断优先级，对于每一个中断请求源都可以编程为高优先级中断源或低优先级中断源，以便实现二级中断嵌套。中断优先级是由片内的中断优先级寄存器 IP（特殊功能寄存器）控制的。IP 寄存器中各位的功能说明如下：

D7	D6	D5	D4	D3	D2	D1	D0
—	—	—	PS	PT1	PX1	PT0	PX0

其中：

(1) PS：串行口中断优先级控制位。PS = 1，串行口定义为高优先级中断源；PS = 0，串行口定义为低优先级中断源。

(2) PT1：T1 中断优先级控制位。PT1 = 1，定时器/计数器 1 定义为高优先级中断源；PT1 = 0，定时器/计数器 1 定义为低优先级中断源。

(3) PX1：外部中断 1 中断优先级控制位。PX1 = 1，外中断 1 定义为高优先级中断源；PX1 = 0，外中断 1 定义为低优先级中断源。

(4) PT0：定时器/计数器 0（T0）中断优先级控制位，功能同 PT1。

(5) PX0：外部中断 0 中断优先级控制位。功能同 PX1。

中断优先级控制寄存器 IP 中的各个控制位都可由编程来置位或复位（用位操作指令或字节操作指令），单片机复位后 IP 中各位均为 0，各个中断源均为低优先级中断源。

3. 中断优先级结构

MCS-51 中断系统具有两级优先级（由 IP 寄存器把各个中断源的优先级分为高优先级和低优先级），它们遵循下列两条基本规则：

（1）低优先级中断源可被高优先级中断源所中断，而高优先级中断源不能被任何中断源所中断；

（2）一种中断源（不管是高优先级或低优先级）一旦得到响应，与它同级的中断源不能再中断它。

为了实现上述两条规则，中断系统内部包含两个不可寻址的优先级状态触发器：一个用来指示某个高优先级的中断源正在得到服务，并阻止所有其他中断的响应；另一个触发器指出某低优先级的中断源正得到服务，所有同级的中断都被阻止，但不阻止高优先级中断源。

当同时收到几个同一优先级的中断时，响应哪一个中断源取决于内部查询顺序。其优先级排列如下：

5.2　MCS-51 单片机中断处理过程

5.2.1　中断响应过程

CPU 在每个机器周期的 S5P2 时刻采样中断标志，而在下一个机器周期对采样到的中断进行查询。如果在前一个机器周期的 S5P2 有中断标志，则在查询周期内便会查询到，并按优先级高低进行中断处理，中断系统将控制程序转入相应的中断服务程序。下列三个条件中任何一个都能封锁 CPU 对中断的响应：

（1）CPU 正在处理同级的或高一级的中断；

（2）现行的机器周期不是当前所执行指令的最后一个机器周期；

（3）当前正在执行的指令是返回（RETI）指令或是对 IE 或 IP 寄存器进行读/写的指令。

上述三个条件中，第二条是保证把当前指令执行完，第三条是保证如果当前执行的是 RETI 指令或是对 IE、IP 进行访问的指令时，必须至少再执行完一条指令之后才会响应中断。

中断查询在每个机器周期中重复执行，所查询到的状态为前一个机器周期的 S5P2 时刻采样到的中断标志。这里要注意的是：如果中断标志被置位，但因上述条件之一的原因而未被响应，或上述封锁条件已撤消，但中断标志位已不再存在（已不再是置位状态）时，被拖延的中断就不再被响应，CPU 将丢弃中断查询的结果。也就是说，CPU 对中断标志置位后，如未及时响应而转入中断服务程序的中断标志不作记忆。

CPU 响应中断时，先置相应的优先级激活触发器，封锁同级和低级的中断。然后根据中断源的类别，在硬件的控制下，程序转向相应的向量入口单元，执行中断服务程序。

硬件调用中断服务程序时，把程序计数器 PC 的内容压入堆栈（但不能自动保存程序状态字 PSW 的内容），同时把被响应的中断服务程序的入口地址装入 PC 中。五个中断源服务程序的入口地址见表 5-1。

表 5-1 中断源服务程序的入口地址表

中断源	入口地址
外部中断 0	0003H
定时器 0 溢出中断	000BH
外部中断 1	0013H
定时器 1 溢出中断	001BH
串行口中断	0023H

通常，在中断入口地址处安排一条跳转指令，以跳转到用户的服务程序入口。

中断服务程序的最后一条指令必须是中断返回指令 RETI。CPU 执行完这条指令后，把响应中断时所置位的优先级激活，触发器清零，然后从堆栈中弹出两个字节的内容（断点地址）装入程序计数器 PC 中，CPU 就从原来被中断处重新执行被中断的程序。

5.2.2 中断响应时间

外部中断 $\overline{INT0}$ 和 $\overline{INT1}$ 的电平在每个机器周期的 S5P2 时刻被采样并锁存到 IE0 和 IE1 中，这个置入到 IE0 和 IE1 的状态在下一个机器周期才被查询电路查询。如果产生了一个中断请求，而且满足响应的条件，CPU 响应中断，由硬件生成一条长调用指令转到相应的服务程序入口。这条指令是双机器周期指令。因此，从中断请求有效到执行中断服务程序的第一条指令的时间间隔至少需要三个完整的机器周期。

如果中断请求被前面所述的三个条件之一封锁，将需要更长的响应时间。若一个同级的或高优先级的中断已经在进行，则延长的等待时间显然取决于正在处理的中断服务程序的长度。如果正在执行的一条指令还没有进行到最后一个周期，则所延长的等待时间不会超过三个机器周期，这是因为 MCS-51 指令系统中最长的指令（MUL 和 DIV）也只有四个机器周期；假若正在执行的是 RETI 指令或者是访问 IE 或 IP 指令，则延长的等待时间不会超过五个机器周期，因为完成正在执行的指令还需要一个周期，加上为完成下一条指令所需要的最长时间——四个周期，如 MUL 和 DIV 指令。

因此，在系统中只有一个中断源的情况下，响应时间总是在 3~8 个机器周期之间。

5.2.3 中断返回

中断返回是指中断服务完成后，计算机返回到断点（即原来主程序被断开的位置），继续执行原来的程序。中断返回由专门的中断返回指令"RETI"实现，该指令的功能是把断点地址取出，送回到程序计数器 PC 中去。另外，它还通知中断系统已完成中断处理，将清除优先级状态触发器。特别要注意：不能用"RET"指令代替"RETI"指令。

5.2.4 中断请求的撤除

在中断请求被响应前，中断源发出的中断请求是由 CPU 锁存在特殊功能寄存器 TCON 和 SCON 的相应中断标志位中的。一旦某个中断请求得到响应，CPU 必须把它的相应中断标志位复位成"0"状态。否则，MCS-51 就会因为中断标志位未能得到及时撤除而重复响应同一中断请求，这是绝对不容许的。

MCS-51 有五个中断源，分属于三种中断类型。这三种类型是：外部中断、定时器溢出中断和串行口中断。对于这三种中断类型的中断请求，其撤除方法是不相同的。现对它们分述如下：

1. 定时器溢出中断请求的撤除

TF0 和 TF1 是定时器溢出中断标志位（见 TCON），它们因定时器溢出中断源的中断请求的输入而置位，因定时器溢出中断得到响应而自动复位成"0"状态。因此，定时器溢出中断源的中断请求是自动撤除的，用户根本不必专门撤除它们。

2. 串行口中断请求的撤除

TI 和 RI 是串行口中断的标志位（见 SCON），中断系统不能自动将它们撤除。这是因为 MCS-51 进入串行口中断服务程序后常需要对它们进行检测，以测定串行口发生了接收中断还是发送中断。为防止 CPU 再次响应这类中断,用户应在中断服务程序的适当位置处通过如下指令将它们撤除:

```
CLR    TI                      ;撤除发送中断
CLR    RI                      ;撤除接收中断
```

若采用字节型指令,则也可采用如下指令:

```
ANL    SCON, #0FCH             ;撤除发送和接收中断
```

3. 外部中断请求的撤除

外部中断请求有两种触发方式:电平触发和负边沿触发。对于这两种不同的中断触发方式,MCS-51 撤除它们的中断请求的方法是不相同的。

在负边沿触发方式下,外部中断标志 IE0 或 IE1,是依靠 CPU 两次检测 $\overline{INT0}$ 或 $\overline{INT1}$ 上触发电平状态而置位的。因此,芯片设计者使 CPU 在响应中断时自动复位 IE0 或 IE1 就可撤除 $\overline{INT0}$ 或 $\overline{INT1}$ 上的中断请求,因为外部中断源在得到 CPU 的中断服务时是不可能再在 $\overline{INT0}$ 或 $\overline{INT1}$ 上产生负边沿而使中断标志位 IE0 或 IE1 置位的。

在电平触发方式下,外部中断标志 IE0 或 IE1 是依靠 CPU 检测 $\overline{INT0}$ 或 $\overline{INT1}$ 上低电平而置位的。尽管 CPU 响应中断时相应中断标志 IE0 或 IE1 能自动复位成"0"状态,但若外部中断源不能及时撤除它在 $\overline{INT0}$ 或 $\overline{INT1}$ 上的低电平,就会再次使已经变成"0"的中断标志 IE0 或 IE1 置位,这是绝对不允许的。因此,电平触发型外部请求的撤除必须使 $\overline{INT0}$ 或 $\overline{INT1}$ 上低电平随着其中断被 CPU 响应而变成高电平。一种可供采用的电平型外部中断的撤除电路如图 5-3 所示。由图可见,当外部中断源产生中断请求时,Q 触发器复位成"0"状态,Q 端的低电平被送到 $\overline{INT0}$ 端,该低电平被 MCS-51 检测到后就使中断标志 IE0 置"1"。80C51 响应 $\overline{INT0}$ 上中断请求便可转入 $\overline{INT0}$ 中断服务程序执行,故我们可以在中断服务程序开头安排如下程序来撤除 $\overline{INT0}$ 上的低电平:

```
INSVR: ANL    P1, #0FEH
       ORL    P1, #01H
       CLR    IE0
       ……
       ……
       ……
```

80C51 执行上述程序就可在 P1.0 上产生一个宽度为两个机器周期的负脉冲。在该负脉冲作用下,Q 触发器被置位成"1"状态,$\overline{INT0}$ 上电平也因此而变高,

从而撤除了其上的中断请求。

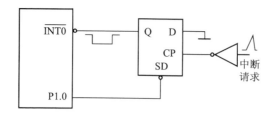

图 5-3　电平型外部中断的撤除电路

5.3　中断程序举例

【例 5-1】　单外部中断源示例见图 5-4。

```
        ORG   0000H
START:  LJMP  MAIN
        ORG   0003H
        LJMP  INT0
        ORG   0030H
MAIN:   CLR   IT0             ;电平触发
        SETB  EA
        SETB  EX0
        MOV   DPTR,#1000H
        ……
        ORG   0200H
INT0:   PUSH  PSW
        PUSH  ACC
        CLR   P3.0            ;由 P3.0 输出 0
        NOP
        NOP
        SETB  P3.0
        MOV   P1,#0FFH        ;置 P1 口为输入
        MOV   A,P1            ;输入数据
        MOVX  @DPTR,A         ;存入数据存储器
        INC   DPTR            ;修改数据指针,指向下一个单元
        ……
        POP   ACC             ;恢复现场
        POP   PSW
        RETI
```

第 5 章　MCS-51 的中断系统及定时器/计数器　　115

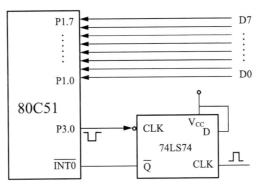

图 5-4　单中断源示例

【例 5-2】　多外部中断源示例见图 5-5。

在实际的应用中，两个外部中断请求源往往不够用，需对外部中断源进行扩充，如图 5-5 所示。系统有五个外部中断请求源 IR0~IR4，高电平有效。

最高级的请求源 IR0 直接接到 MCS-51 的一个外部中断请求输入端，其余四个请求源 IR1~IR4 通过各自的 OC 门（集电极开路门）连到 AT89S51 的另一个外中断源输入端，同时还连到 P1 口的 P1.0~P1.3 脚，供 AT89S51 查询。

图 5-5 所示电路，除了 IR0 优先权级别最高外，其余四个外部中断源的中断优先权取决于查询顺序，中断优先权的高与低，取决于查询顺序。

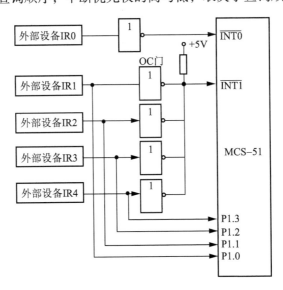

图 5-5　多外部中断源示例

假设图 5-5 中的四个外设中有一个外设提出高电平有效的中断请求信号，

则中断请求通过四个集电极开路 OC 门的输出公共点，即 $\overline{INT1}$ 脚的电平就会变低。究竟是哪个外设提出的请求，要通过程序查询 P1.0 ~ P1.3 引脚上的逻辑电平来确定。

本例假设某一时刻只能有一个外设提出中断请求，并设 IR1 ~ IR4 这四个中断请求源的高电平可由相应的中断服务子程序清零，则中断服务子程序如下：

```
        ORG   0013H        ; INT1*的中断入口
        LJMP  INT1
        ……
        ORG   0100H
INT1:   PUSH  PSW           ; 保护现场
        PUSH  Acc
        JB    P1.0, IR1     ; 如 P1.0 为高，则 IR1 有请求，跳 IR1 处理
        JB    P1.1, IR2     ; 如 P1.1 为高，则 IR2 有请求，跳 IR2 处理
        JB    P1.2, IR3     ; 如 P1.2 为高，则 IR3 有请求，跳 IR3 处理
        JB    P1.3, IR4     ; 如 P1.3 为高，则 IR4 有请求，跳 IR4 处理
INTIR:  POP   Acc           ; 恢复现场
        POP   PSW
        RETI                ; 中断返回
IR1:    ……
        AJMP  INTIR         ; IR1 处理完，跳 INTIR 处执行
IR2:    ……
        AJMP  INTIR         ; IR2 处理完，跳 INTIR 处执行
IR3:    ……
        AJMP  INTIR         ; IR3 处理完，跳 INTIR 处执行
IR4:    ……
        AJMP  INTIR         ; IR4 处理完，跳 INTIR 处执行
```

查询法扩展外部中断源比较简单，但是如果扩展的外部中断源个数较多时，查询时间稍长。

5.4 MCS - 51 单片机的定时器/计数器

MCS - 51 单片机内部有两个 16 位可编程的定时器/计数器，即定时器 T0 和定时器 T1（80C52 提供三个定时器，第三个称定时器 T2）。它们既可用作定时器方式，又可用作计数器方式。此外，T1 还可以作为串行口的波特率发生器。

5.4.1 定时器/计数器的结构和工作原理

1. 定时器/计数器的结构

定时器/计数器的结构框图见图 5-6。定时器/计数器的基本部件是两个 8 位的计数器（其中 TH1、TL1 是 T1 的计数器，TH0、TL0 是 T0 的计数器）拼装而成。TMOD 是定时器/计数器的工作方式寄存器，由它确定定时器/计数器的工作方式；TCON 是定时器/计数器的控制寄存器，用于定时器/计数器的启动和停止以及设置溢出标志。

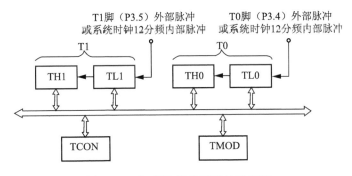

图 5-6 定时器/计数器的结构框图

2. 定时器/计数器的工作原理

在作定时器使用时，输入的时钟脉冲是由晶体振荡器的输出经 12 分频后得到的，所以定时器也可看作是对计算机机器周期的计数器。因为每个机器周期包含 12 个振荡周期，故每一个机器周期定时器加 1，可以把输入的时钟脉冲看成机器周期信号。故其频率为晶振频率的 1/12。如果晶振频率为 12MHz，则定时器每接收一个输入脉冲的时间为 1μs。

当它用作对外部事件计数时，接相应的外部输入引脚 T0 (P3.4) 或 T1 (P3.5)。在这种情况下，当检测到输入引脚上的电平由高跳变到低时，计数器就加 1（它在每个机器周期的 S5P2 时采样外部输入，当采样值在这个机器周期为高，在下一个机器周期为低时，则计数器加 1）。加 1 操作发生在检测到这种跳变后的一个机器周期中的 S3P1 时，因此需要两个机器周期来识别一个从"1"到"0"的跳变，故最高计数频率为晶振频率的 1/24。这就要求输入信号的电平至少应在跳变后一个机器周期内保持不变，以保证在给定的电平再次变化前至少被采样一次。

5.4.2 定时器/计数器的控制

定时器/计数器有四种工作方式，其工作方式的选择及控制都由两个特殊功能寄存器（TMOD 和 TCON）的内容来决定。用指令改变 TMOD 或 TCON 的内容后，则在下一条指令的第一个机器周期的 S1P1 时起作用。

1. 工作方式寄存器 TMOD

特殊功能寄存器 TMOD 为定时器的方式控制寄存器，寄存器中每位的定义如图 5-7 所示。高 4 位用于定时器 1，低 4 位用于定时器 0。其中，M1、M0 用来确定所选的工作方式，如表 5-2 所示。

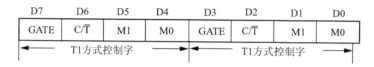

图 5-7 TMOD 寄存器各位定义

表 5-2 工作方式选择表

M1 M0	方 式	说 明
0　0	0	13 位定时器/计数器
0　1	1	16 位定时器/计数器
1　0	2	自动装入时间常数的 8 位定时器/计数器
1　1	3	对 T0 分为两个 8 位独立计数器；对 T1 置方式 3 时停止工作（无中断重装 8 位计数器）

（1）M1 M0：定时器/计数器四种工作方式选择，如表 5-2 所示。

（2）C/$\overline{\text{T}}$：定时器方式或计数器方式选择位。C/$\overline{\text{T}}$ = 1 时，为计数器方式；C/$\overline{\text{T}}$ = 0 时，为定时器方式。

（3）GATE：定时器/计数器运行控制位，用来确定对应的外部中断请求引脚（$\overline{\text{INT0}}$，$\overline{\text{INT1}}$）是否参与 T0 或 T1 的操作控制。当 GATE = 0 时，只要定时器控制寄存器 TCON 中的 TR0（或 TR1）被置 1 时，T0（或 T1）被允许开始计数（TCON 各位含义见后面叙述）；当 GATE = 1 时，不仅要 TCON 中的 TR0 或 TR1 置位，还需要 P3 口的 $\overline{\text{INT0}}$ 或 $\overline{\text{INT1}}$ 引脚为高电平，才允许计数。

2. 控制寄存器 TCON

特殊功能寄存器 TCON 用于控制定时器的操作及对定时器中断的控制。图各位定义如图 5-8 所示。图中，D0~D3 位与外部中断有关，已在中断系统一节中介绍。

第 5 章 MCS-51 的中断系统及定时器/计数器　119

图 5-8　TCON 寄存器各位定义

（1）TR0：T0 的运行控制位。该位置 1 或清零用来实现启动计数或停止计数。

（2）TF0：T0 的溢出中断标志位。当 T0 计数溢出时由硬件自动置 1；在 CPU 中断处理时由硬件清零。

（3）TR1：T1 的运行控制位，功能同 TR0。

（4）TF1：T1 的溢出中断标志位，功能同 TF0。

TMOD 和 TCON 寄存器在复位时其每一位均清零。

5.4.3　定时器/计数器的工作方式

如前所述，MCS-51 片内的定时器/计数器可以通过对特殊功能寄存器 TMOD 中的控制位 C/$\overline{T}$的设置来选择定时器方式或计数器方式；通过对 M1M0 两位的设置来选择四种工作方式。

1. 方式 0

M1M0 = 00 时，被设置为工作方式 0，等效逻辑结构框图如图 5-9 所示（以定时器/计数器 T1 为例，TMOD.5 TMOD.4 = 00）。

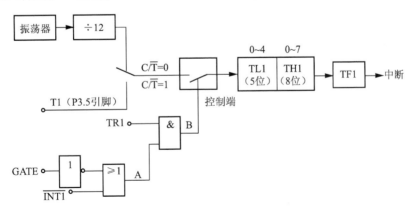

图 5-9　定时器/计数器方式 0 逻辑结构框图

13 位计数器，由 TLx（x = 0，1）低 5 位和 THx 高 8 位构成。TLx 低 5 位溢出则向 THx 进位，THx 计数溢出则把 TCON 中的溢出标志位 TFx 置"1"。

图 5-9 的 C/$\overline{T}$位控制的电子开关决定了定时器/计数器的两种工作模式。

（1）C/$\overline{T}$ = 0，电子开关打在上面位置，T1（或 T0）为定时器工作模式，把时钟振荡器 12 分频后的脉冲作为计数信号。

(2) $C/\overline{T} = 1$，电子开关打在下面位置，T1（或 T0）为计数器工作模式，计数脉冲为 P3.4（或 P3.5）引脚上的外部输入脉冲，当引脚上发生负跳变时，计数器加 1。

GATE 位状态决定定时器/计数器的运行控制取决于 TRx 一个条件还是 TRx 和 $\overline{\text{INT}x}$（$x = 0, 1$）引脚状态两个条件。

(1) GATE = 0，A 点（见图 5-9）电位恒为 1，B 点电位仅取决于 TRx 状态。TRx = 1，B 点为高电平，控制端控制电子开关闭合，允许 T1（或 T0）对脉冲计数；TRx = 0，B 点为低电平，电子开关断开，禁止 T1（或 T0）计数。

(2) GATE = 1，B 点电位由 $\overline{\text{INT}x}$（$x = 0, 1$）的输入电平和 TRx 的状态这两个条件来确定。当 TRx = 1，且 $\overline{\text{INT}x}$ = 1 时，B 点才为 1，控制端控制电子开关闭合，允许 T1（或 T0）计数。故这种情况下计数器是否计数是由 TRx 和 $\overline{\text{INT}x}$ 两个条件来共同控制的。

2. 方式 1

当 M1M0 = 01 时，定时器/计数器工作于方式 1，这时定时器/计数器的等效电路逻辑结构如图 5-10 所示。方式 1 和方式 0 的差别仅仅在于计数器的位数不同：方式 1 为 16 位计数器，由 THx 高 8 位和 TLx 低 8 位构成（$x = 0, 1$）；方式 0 则为 13 位计数器，有关控制状态位的含义（GATE、$C/\overline{T}$、TFx、TRx）与方式 0 相同。

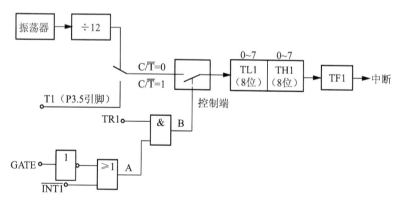

图 5-10 定时器/计数器方式 1 逻辑结构框图

3. 方式 2

方式 0 和方式 1 的最大特点是计数溢出后，计数器为全 0。因此在循环定时或循环计数应用时就存在用指令反复装入计数初值的问题。这不仅影响定时精度，也给程序设计带来麻烦。方式 2 就是针对此问题而设置的。

当 M1M0 为 10 时，定时器/计数器处于工作方式 2，这时定时器/计数器的等效逻辑结构如图 5-11 所示（以定时器 T1 为例，$x=1$）。

定时器/计数器的方式 2 为自动恢复初值（初值自动装入）的 8 位定时器/计数器。

TLx（$x=0,1$）作为常数缓冲器，当 TLx 计数溢出时，在溢出标志 TFx 置"1"的同时，还自动将 THx 中的初值送至 TLx，使 TLx 从初值开始重新计数。

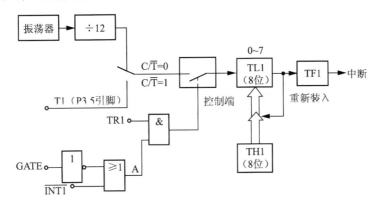

图 5-11 定时器/计数器方式 2 逻辑结构框图

方式 2 可省去用户软件中重装初值的指令执行时间，简化定时初值的计算方法，可以相当精确地确定定时时间。

4. 方式 3

方式 3 是为增加一个 8 位定时器/计数器而设，使 MCS-51 单片机具有 3 个定时器/计数器。

方式 3 只适用于 T0，T1 不能工作在方式 3。T1 处于方式 3 时相当于 TR1=0，停止计数（此时 T1 可用来作为串行口波特率产生器）。

1）工作方式 3 下的 T0

TMOD 的低 2 位为 11 时，T0 的工作方式被选为方式 3，各引脚与 T0 的逻辑关系如图 5-12 所示。定时器/计数器 T0 分为两个独立的 8 位计数器 TL0 和 TH0，TL0 使用 T0 的状态控制位 C/$\overline{T}$、GATE、TR0、TF0，而 TH0 被固定为一个 8 位定时器（不能作为外部计数模式），并使用定时器 T1 的状态控制位 TR1 和 TF1，同时占用定时器 T1 的中断请求源 TF1。

2）T0 工作在方式 3 时 T1 的各种工作方式

一般情况下，当 T1 用作串行口的波特率发生器时，T0 才工作在方式 3。T0 处于工作方式 3 时，T1 可定为方式 0、方式 1 和方式 2，用来作为串行口的波特率发生器或不需要中断的场合。

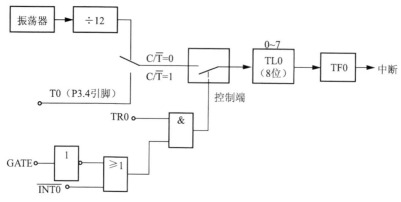

(a) TL0作为8位定时器/计数器

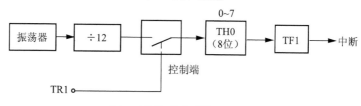

(b) TH0作为8位定时器

图 5-12　定时器/计数器 T0 在方式 3 下的逻辑结构框图

(1) T1 工作在方式 0。

T1 的控制字中 M1M0 = 00 时，T1 工作在方式 0，工作示意图如图 5-13 所示。

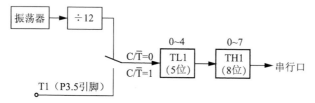

图 5-13　T0 工作在方式 3，T1 工作在方式 0 时的工作示意图

(2) T1 工作在方式 1。

当 T1 的控制字中 M1M0 = 01 时，T1 工作在方式 1，工作示意图如图 5-14 所示。

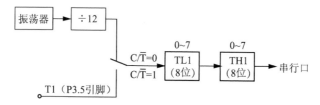

图 5-14　T0 工作在方式 3，T1 工作在方式 1 时的工作示意图

(3) T1 工作在方式 2。

当 T1 的控制字中 M1M0 = 10 时，T1 工作在方式 2，工作示意图如图 5-15 所示。

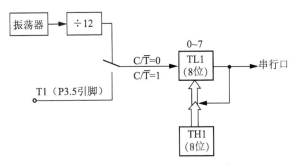

图 5-15　T0 工作在方式 3，T1 工作在方式 2 时的工作示意图

4) T1 设置在方式 3

当 T0 设置在方式 3 时，再把 T1 也设成方式 3，此时 T1 停止计数。

5.4.4　定时器/计数器初始值计算公式

1. 定时器初值的计算

我们把计数器从初值开始作加 1 计数到计满为全 1 所需要的计数值设定为 C，计数初值设定为 D，由此可得到的计算通式为

$$D = M - C \tag{5-1}$$

式中，M 为计数器模值，该值和计数器工作方式有关。在方式 0 时 M 为 2^{13}；在方式 1 时 M 为 2^{16}；在方式 2 和方式 3 时 M 为 2^8。

2. 定时器定时时间的计算

在定时器模式下，计数器由单片机脉冲经 12 分频后计数。因此，定时器定时时间 T 的计算公式为

$$T = (TM - TC)12/f_{osc}(\mu s) \tag{5-2}$$

式中，TM 为计数器从初值开始作加 1 计数到计满为全 1 所需要的时间，TM 为模值，在方式 0 时 TM 为 2^{13}，在方式 1 时 TM 为 2^{16}，在方式 2 和方式 3 时 TM 为 2^8；f_{osc} 是单片机晶体振荡器的频率；TC 为定时器的定时初值。

5.4.5　定时/计数器用于外部中断扩展

【例 5-3】　用 T0 扩展一个外部中断源。将 T0 设置为计数器方式，按方式 2 工作，TH0、TL0 的初值均为 0FFH，T0 允许中断，CPU 开放中断。其初始化程序如下：

```
    MOV    TMOD, #06H         ;置 T0 为计数器方式 2
    MOV    TL0, #0FFH         ;置计数初值
    MOV    TH0, #0FFH
    SETB   TR0                ;启动 T0 工作
    SETB   EA                 ;CPU 开中断
    SETB   ET0                ;允许 T0 中断
    ……
```

T0 外部引脚上出现一个下降沿信号时，TL0 计数加 1，产生溢出，将 TF0 置 1，向 CPU 发出中断请求……

5.4.6 定时器/计数器应用举例

MCS-51 的定时器/计数器是可编程的，因此，在利用定时器/计数器进行定时或计数之前，首先，要通过软件对它进行初始化。

初始化程序应完成：

（1）对 TMOD 赋值，以确定 T0 和 T1 的工作方式；

（2）求初值，并写入 TH0、TL0 或 TH1、TL1；

（3）确定中断方式时，要对 IE 赋值，开放中断；

（4）使 TR0 或 TR1 置位，启动定时器/计数器工作。

1. 计数应用

【例 5-4】 有一包装流水线，产品每计数 24 瓶时发出一个包装控制信号，其示意图如图 5-16 所示。试编写程序完成这一计数任务。用 T0 完成计数，用 P1.0 发出控制信号。

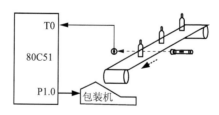

图 5-16 包装流水线示意图

确定方式字：

T0 在计数的方式 2 时：$M1M0 = 10$，$GATE = 0$，$C/\overline{T} = 1$。

方式控制字为 06H。

求计数初值 X：

$N = 24$

$X = 256 - 24 = 232 = E8H$

将 E8H 送入 TH0 和 TL0 中。

主程序为

```
        ORG   0000H
        LJMP  MAIN
        ORG   000BH
        LJMP  DVT0
        ORG   0100H
MAIN:   MOV   TMOD,#06H   ;置 T0 为计数方式 2
        MOV   TH0,#0E8H   ;装入计数初值
        MOV   TL0,#0E8H
        SETB  ET0         ;T0 开中断
        SETB  EA          ;CPU 开中断
        SETB  TR0         ;启动 T0
        SJMP  $           ;等待中断
```

中断服务程序为

```
DVT0:   SETB  P1.0
        NOP
        NOP
        CLR   P1.0
        RETI
        END
```

2. 定时应用

定时时间较小时（小于 65ms），晶振为 12MHz，Tcy 为 1μs，可直接采用方式 1 完成定时任务。

【例 5-5】 利用定时器/计数器 T0 的方式 1，产生 10ms 的定时，并使 P1.0 引脚上输出周期为 20ms 的方波，采用中断方式，设系统的晶振频率为 12MHz。

确定方式字：

T0 在定时的方式 1 时：M1M0 = 01，GATE = 0，$C/\overline{T} = 0$。

方式控制字为 01H。

求计数初值 X：

Tcy 为 1μs

N = 10ms/1μs = 10 000

X = 65536 - 10000 = D8F0H

将 D8 送入 TH0 中，F0H 送入 TL0 中。
主程序为

```
        ORG     0000H
        LJMP    MAIN
        ORG     000BH
        LJMP    DVT0
        ORG     0100H
MAIN:   MOV     TMOD, #01H      ; 置 T0 为方式 1
        MOV     TH0, #0D8H      ; 装入计数初值
        MOV     TL0, #0F0H
        SETB    ET0             ; T0 开中断
        SETB    EA              ; CPU 开中断
        SETB    TR0             ; 启动 T0
        SJMP    $               ; 等待中断
```

中断服务程序为

```
DVT0:   CPL     P1.0
        MOV     TH0, #0D8H
        MOV     TL0, #0F0H
        RETI
        END
```

采用软件查询方式完成的源程序如下：

```
        ORG     0000H
        LJMP    MAIN            ; 跳转到主程序
        ORG     0100H           ; 主程序
MAIN:   MOV     TMOD, #01H      ; 置 T0 工作于方式 1
LOOP:   MOV     TH0, #0D8H      ; 装入计数初值
        MOV     TL0, #0F0H
        SETB    TR0             ; 启动定时器 T0
        JNB     TF0, $          ; TF0=0，查询等待
        CLR     TF0             ; 清 TF0
        CPL     P1.0            ; P1.0 取反输出
        SJMP    LOOP
        END
```

定时时间较大时（大于65ms），实现方法有两种：一是采用一个定时器定时一定的间隔（如20ms），然后用软件进行计数；二是采用两个定时器级联，其中一个定时器用来产生周期信号（如20ms为周期），然后将该信号送入另一个计数器的外部脉冲输入端进行脉冲计数。

【例5-6】 编写程序，实现用定时器/计数器 T0 定时，使 P1.7 引脚输出周期为 2s 的方波。设系统的晶振频率为 12MHz。采用定时 20ms，然后再计数 50 次的方法实现。

确定方式字：

T0 在定时的方式 1 时：M1M0 = 01，GATE = 0，$C/\overline{T}$ = 0。

方式控制字为 01H。

求计数初值 X：

T_{cy} 为 1μs

N = 20ms/1μs = 20 000

X = 65536 - 20000 = 4E20H

将 4E 送入 TH0 中，20H 送入 TL0 中。

主程序为

```
        ORG    0000H
        LJMP   MAIN
        ORG    000BH
        LJMP   DVT0
        ORG    0030H
MAIN:   MOV    TMOD, #01H    ；置 T0 于方式 1
        MOV    TH0, #4EH     ；装入计数初值
        MOV    TL0, #20H     ；首次计数值
        MOV    R7, #50       ；计数 50 次
        SETB   ET0           ；T0 开中断
        SETB   EA            ；CPU 开中断
        SETB   TR0           ；启动 T0
        SJMP   $             ；等待中断
```

中断服务程序为

```
DVT0:   DJNZ   R7, NT0
        MOV    R7, #50
        CPL    P1.7
NT0:    MOV    TH0, #4EH
```

```
        MOV   TL0, #20H
        SETB  TR0
        RETI
        END
```

3. 门控位的应用

【例 5 – 7】 测量 INT0 引脚上出现的正脉冲宽度,并将结果(以机器周期的形式)存放在 30H 和 31H 两个单元中。被测信号与计数的关系如图 5 – 17 所示。

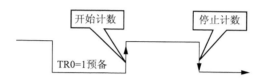

图 5 – 17 被测信号与计数的关系

将 T0 设置为方式 1 的定时方式,且 GATE = 1,计数器初值为 0,将 TR0 置 1。

INT0 引脚上出现高电平时,加 1 计数器开始对机器周期计数。

INT0 引脚上信号变为低电平时,停止计数,然后读出 TH0、TL0 的值。

```
        ORG   0000H
        AJMP  MAIN
        ORG   0200H
MAIN:   MOV   TMOD, #09H    ;置 T0 为定时器方式 1, GATE = 1
        MOV   TH0, #00H     ;置计数初值
        MOV   TL0, #00H
        MOV   R0, #31H      ;置地址指针初值(指向低字节)
L1:     JB    P3.2, L1      ;高电平等待
        SETB  TR0           ;当 INT0 由高变低时使 TR0 = 1, 准备好
L2:     JNB   P3.2, L2      ;等待 INT0 变高
L3:     JB    P3.2, L3      ;已变高,启动定时,直到 INT0 变低
        CLR   TR0           ;INT0 由高变低,停止定时
        MOV   @R0, TL0      ;存结果
        DEC   R0
        MOV   @R0, TH0
        SJMP  $
        END
```

习题与思考题

1. 简述中断、中断源、中断源的优先级及中断嵌套的含义。
2. MCS-51 单片机能提供几个中断源？几个中断优先级？各个中断源的优先级怎样确定？在同一优先级中各个中断源的优先级怎样确定？
3. 简述 MCS-51 单片机中断响应过程。
4. MCS-51 单片机中断有哪两种触发方式？如何选择？对外部中断源的触发脉冲或电平有何要求？
5. 在 MCS-51 单片机的应用系统中，如果有多个外部中断源，怎样进行处理？
6. 要求从 P1.7 引脚输出 500Hz 的方波，晶振频率为 6MHz。试设计程序。
7. 试用定时器/计数器 T1 对外部事件计数。要求每计数 100，就将 T1 改成定时方式，控制 P1.7 输出一个脉宽为 10ms 的正脉冲，然后又转为计数方式，如此反复循环。设晶振频率为 12MHz。

项目五

定时器/计数器

一、项目目标

【能力目标】

能用定时器/计数器来实现定时或计数功能。

【知识目标】

了解单片机定时器/计数器的内部结构及工作原理。

掌握与定时器/计数器有关的特殊功能寄存器 TMOD、TCON 的功能及应用。

掌握定时器/计数器初值计算方法。

掌握定时器/计数器初始化程序的编写方法。

二、项目要求

(1) 定时器实训:晶振为 11.0592MHz(为方便计算按 12MHz 计算),用定时器 0 产生 50ms 定时,由 P1.0 输出周期为 100ms 的方波信号,并通过示波器观察 P1.0 的输出波形。

(2) 计数器实训:手动外部输入脉冲,计数器计到一定值时,由 P1.0 输出高电平,使蜂鸣器发声。

三、硬件设计

实训线路如图 5-18 所示。这里以 T0 工作在方式 1,即 16 位定时计数方式为例,简要说明定时器/计数器的工作过程,根据需要设置 TMOD 及 TL0、TH0 的数值,开启定时或计数,定时或计数溢出时,自动置溢出标志,并请求中断。

四、软件设计

(1) 定时器实训。

```
        ORG     0000H
        AJMP    MAIN
        ORG     0030H
```

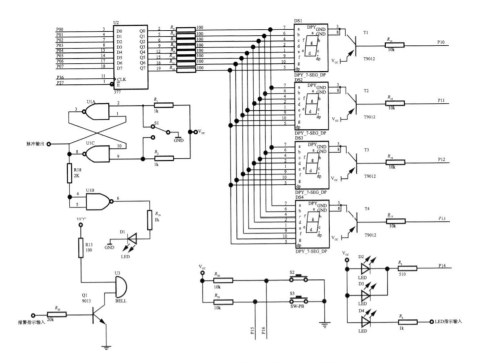

图 5-18 定时/计数/中断电路原理图

```
MAIN: MOV      TMOD, #01H      ;设定时器 0 为方式 1
      MOV      TL0, #3CH       ;赋初值
      MOV      TH1, #0B0H
      SETB     TR0             ;启动 T0
LP:   JBC      TF0, LP1        ;查询计数溢出
      SJMP     LP
LP1:  MOV      TL0, #0B0H
      MOV      TH0, #3BH
      CPL      P1.0            ;P1.0 取反输出
      AJMP     LP              ;反复循环
      END
```

（2）计数器实训。

```
      ORG      0000H
      AJMP     MAIN
      ORG      0030H
MAIN: CLR      P3.7
      MOV      TMOD, #06H
```

```
            MOV     TL0,  #0FAH
            MOV     TH0,  #0FAH
            SETB    TR0
    LP:     JBC     TF0,  LP1
            SJMP    LP
    LP1:    CPL     P3.7
            SJMP    LP
            END
```

五、项目实施

（1）定时器实验：用40芯排线把主机模块和定时/计数/中断实训模块连接起来。接通电源，运行参考程序。

（2）计数器实训：用导线把P3.4（T0）连接到单次脉冲输出端，把P1.0连接到蜂鸣器输入端，再用40芯排线把主机模块和定时/计数/中断实训模块连接起来。接通电源，运行参考程序。

（3）定时器/计数器的其他工作方式，编写程序运行，实训模块提供两种连接方式：40芯排线连接或自由连接。

六、能力训练

（1）定时器实训：晶振为11.0592MHz（为方便计算按12MHz计算），用定时器1产生100ms定时，由P1.0输出周期为200ms的方波信号，并通过示波器观察P1.0的输出波形。

（2）计数器实训：手动外部输入脉冲，计数器计到一定值时，由P1.0输出高电平1s，使蜂鸣器发声1s后停止。

第 6 章

MCS-51 串行接口

6.1 计算机串行通信基础

随着多微机系统的广泛应用和计算机网络技术的普及,计算机的通信功能显得越来越重要。

计算机通信是将计算机技术和通信技术相结合,完成计算机与外部设备或计算机与计算机之间的信息交换。计算机通信可以分为两大类:并行通信与串行通信。在多微机系统以及现代测控系统中信息的交换多采用串行通信方式。

并行通信通常是将数据字节的各位用多条数据线同时进行传送,如图6-1所示。

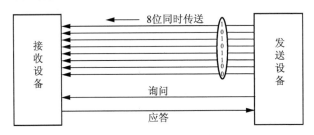

图 6-1 并行通信示意图

并行通信控制简单、传输速度快。但是,由于传输线较多,长距离传送时成本高且接收方的各位同时接收存在困难。

串行通信是将数据字节分成一位一位的形式在一条传输线上逐个进行传送,如图 6-2 所示。

图 6-2 串行通信示意图

串行通信的特点是:传输线少,长距离传送时成本低,且可以利用电话网等现成的设备,但数据的传送控制比并行通信复杂。

6.1.1 串行通信的基本概念

1. 异步通信与同步通信

1) 异步通信

异步通信是指通信的发送与接收设备使用各自的时钟控制数据进行发送和接收的过程。为使双方的收发协调,要求发送和接收设备的时钟尽可能一致。异步通信示意图如图 6-3 所示。

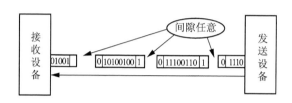

图 6-3 异步通信示意图

异步通信是以字符(构成的帧)为单位进行传输,字符与字符之间的间隙(时间间隔)是任意的,但每个字符中的各位是以固定的时间传送的,即字符之间是异步的(字符之间不一定有"位间隔"的整数倍的关系),但同一字符内的各位是同步的(各位之间的距离均为"位间隔"的整数倍)。

异步通信的特点是:不要求收发双方时钟的严格一致,容易实现,设备开销较小,但每个字符要附加 2~3 位用于起止位,各帧之间还有间隔,因此传输效率不高。

在帧格式中,一个字符由四个部分组成:起始位、数据位、奇偶校验位和停止位,如图 6-4 所示。首先是一个起始位(0),然后是 5~8 位数据(规定低位在前,高位在后),接下来是奇偶校验位(可省略),最后是停止位(1)。

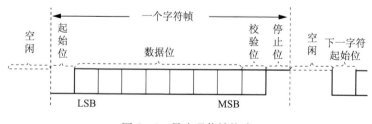

图 6-4 异步通信帧格式

2) 同步通信

同步通信时要建立发送方时钟对接收方时钟的直接控制,使双方达到完全同步。此时,传输数据的位之间的距离均为"位间隔"的整数倍,同时传送的字符间不留间隙,即保持位同步关系,也保持字符同步关系。发送方对接收方的同步可以通过两种方法实现。同步通信示意图如图 6-5 所示,其数据格式如图 6-6 所示。

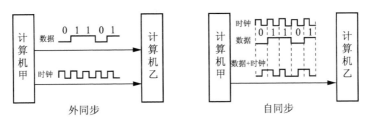

图 6-5 同步通信示意图

| SYN | SYN | SOH | 标题 | STX | 数据块 | ETB/ETX | 校验块 |

图 6-6 同步通信的数据格式

同步通信的特点是:以特定的位组合(SYN)作为帧的开始和结束标志,所传输的一帧数据可以是任意位,所以传输的效率较高,但实现的硬件设备比异步通信复杂。

2. 串行通信的传输方式

1)单工

单工是指数据传输仅能沿一个方向,不能实现反向传输,见图 6-7(a)。

2)半双工

半双工是指数据传输可以沿两个方向,但需要分时进行,见图 6-7(b)。

3)全双工

全双工是指数据可以同时进行双向传输,见图 6-7(c)和图 6-8。

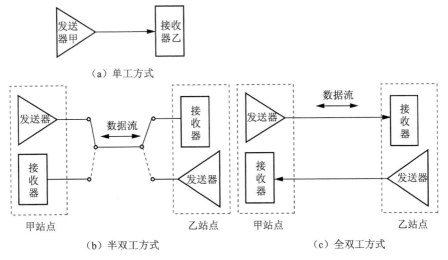

图 6-7 串行通信的三种传输方式

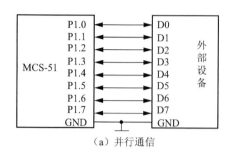
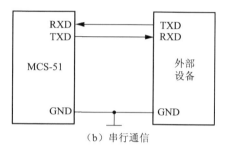

图6-8 单片机全双工通信示意图

3. 信号的调制与解调

利用调制器（Modulator）把数字信号转换成模拟信号，然后送到通信线路上去，再由解调器（Demodulator）把从通信线路上收到的模拟信号转换成数字信号。由于通信是双向的，调制器和解调器合并在一个装置中，这就是调制解调器MODEM。利用调制解调器通信的示意图见图6-9。

图6-9 利用调制解调器通信的示意图

4. 传输速率与传输距离

1）波特率（Baud rate）

波特率，即数据传送速率，表示每秒钟传送二进制代码的位数，它的单位是b/s。

假设数据传送速率是120字符/s，而每个字符格式包含1个代码位（1个起始位、1个终止位、8个数据位）。这时，传送的波特率为

$$10b/字符 \times 120 字符/s = 1200b/s$$

每一位代码的传送时间 T_d 为波特率的倒数，即

$$T_d = 1b/(1200bs) = 0.833ms$$

异步通信的传送速率在50~19200b/s，常用于计算机到终端机和打印机之间的通信、直通电报以及无线电通信的数据发送等。

2）传输距离与传输速率的关系

串行接口或终端直接传送串行信息位流的最大距离与传输速率及传输线的电气特性有关。当传输线使用每0.3m（约1英尺）有50PF电容的非平衡屏蔽双绞线时，传输距离随传输速率的增加而减小。当比特率超过1000bps时，最大传输

距离迅速下降，如 9600bps 时最大距离下降到 76m（约 250 英尺）。

5. 串行通信的错误校验

1) 奇偶校验

发送字符时，数据位尾随 1 位奇偶校验位（1 或 0）。奇校验时，数据中"1"的个数与校验位"1"的个数之和应为奇数；偶校验时，数据中"1"的个数与校验位"1"的个数之和应为偶数。接收字符时，对"1"的个数进行校验，若发现不一致，则说明传输数据过程中出现了差错。

2) 代码和校验

发送方将所发数据块求和（或各字节异或），产生的校验和字节附加到数据块的末尾。接收方在接收数据时要对数据块（除校验字节外）求和（或各字节异或），将所得的结果与收到的"校验和"进行比较，相符则无差错，否则就认为传送过程出现了差错。

6. 串行通信的过程及通信协议

1) 串–并转换与设备同步

两个通信设备在串行线路上成功地实现通信必须解决两个问题：

（1）串–并转换，即如何把要发送的并行数据串行化，把接收的串行数据并行化。

在计算机串行发送数据之前，计算机内部的并行数据被送入移位寄存器并一位一位地输出，将并行数据转换成串行数据。在接收数据时，来自通信线路的串行数据被压入移位寄存器，满 8 位后并行送到计算机内部。

在串行通信控制电路中，串–并、并–串转换逻辑被集成在串行异步通信控制器芯片中。MCS–51 单片机的串行口和 IBM–PC 相同。

（2）设备同步，即同步发送设备与接收设备的工作节拍，以确保发送数据在接收端被正确读出。进行串行通信的两台设备必须同步工作才能有效地检测通信线路上的信号变化，从而采样传送数据脉冲。

设备同步对通信双方有两个共同要求：

①通信双方必须采用统一的编码方法；

②通信双方必须能产生相同的传送速率。

2) 串行通信协议

通信协议是对数据传送方式的规定，包括数据格式定义和数据位定义等，主要有：

（1）起始位约定；

（2）数据位约定；

（3）奇偶校验位约定；

（4）停止位约定；

（5）波特率设置；

(6) 挂钩（握手）信号约定。

6.1.2 串行通信接口标准

RS-232 是美国电子工业协会（EIA）于 1962 年制定的标准。1969 年修订为 RS-232C，后来又多次修订。由于内容修改的不多，所以人们习惯于早期的名字"RS-232C"。

RS-232C 定义的是 DTE 与 DCE 间的接口标准（见图 6-10）。它规定了接口的机械特性、功能特性和电气特性等几方面内容。

1. 机械特性

RS-232C 采用 25 针连接器，连接的尺寸及每针的排列位置都有明确的定义。一般的应用中并不一定用到 RS-232C 定义的全部信号，这时常采用 9 针连接器替代 25 针连接器。

连接器引脚定义如表 6-1 所示。图 6-10 中所示的阳头通常用于计算机侧，对应的阴头用于连接线侧。

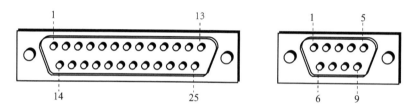

图 6-10　DB-25（阳头）连接器和 DB-9（阳头）连接器定义

2. 功能特性

RS-232C 接口的主要信号线的功能定义如表 6-1 所示。

表 6-1　RS-232C 标准接口主要引脚定义

插针序号	信号名称	功能	信号方向
1	PGND	保护接地	
2（3）	TXD	发送数据（串行输出）	DTE→DCE
3（2）	RXD	接收数据（串行输入）	DTE←DCE
4（7）	RTS	请求发送	DTE→DCE
5（8）	CTS	允许发送	DTE←DCE
6（6）	DSR	DCE 就绪（数据建立就绪）	DTE←DCE
7（5）	SGND	信号接地	
8（1）	DCD	载波检测	DTE←DCE
20（4）	DTR	DTE 就绪（数据终端准备就绪）	DTE→DCE
22（9）	RI	振铃指示	DTE←DCE

注：插针序号列中，括号内为 9 针非标准连接器的引脚号。

3. 电气特性

RS-232C 采用负逻辑电平,规定(-15V ~ -3)为逻辑"1",(+3 ~ +15V)为逻辑"0"。-3V ~ +3V 是未定义的过渡区。TTL 电平与 RS-232C 逻辑电平的比较如图 6-11 所示。

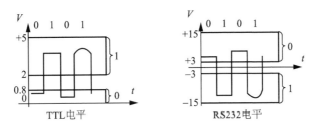

图 6-11　TTL 电平与 RS-232C 逻辑电平的比较

由于 RS-232C 的逻辑电平与通常的 TTL 电平不兼容,为了实现与 TTL 电路的连接,需要外加电平转换电路(如 MAX232)。

RS-232C 发送方和接收方之间的信号线采用多芯信号线,要求多芯信号线的总负载电容不能超过 2500PF。

通常 RS-232C 接口的传输距离为几十米,传输速率小于 20Kbps。

4. 过程特性

过程特性规定了信号之间的时序关系,以便正确地接收和发送数据。如果通信双方均具备 RS-232C 接口(如 PC 机),它们可以直接连接,不必考虑电平转换问题。

对于单片机与普通的 PC 机通过 RS-232C 的连接,就必须考虑电平转换问题,因为 MCS-51 单片机串行口不是标准 RS-232C 接口。

远程 RS-232C 通信需要调制解调器,其连接如图 6-12 所示。

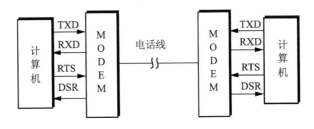

图 6-12　远程 RS-232C 通信连接

近程 RS-232C 通信时,距离小于 15m,可以不用调制解调器,如图 6-13 所示。

对于 PC 机,采用无联络线方式时,串口驱动语句要有汇编指令,如果采用高级语言的标准函数或汇编语言的中断调用就采用联络线短接（伪连接）方式。

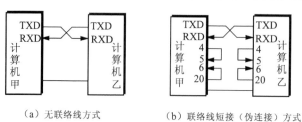

(a) 无联络线方式　　　　(b) 联络线短接（伪连接）方式

图 6-13　近程 RS-232C 通信连接

5. RS-232C 电平与 TTL 电平转换驱动电路

MCS-51 单片机串行口与 PC 机的 RS-232C 接口不能直接连接，必须进行电平转换。早期常用的电平转换芯片为 MC1488、MC1489。近年来，人们多采用片内带有自升压电路的芯片。例如，MAXM232，它仅需 +5V 电源，内置电子升压泵将 +5V 转换成 -10V~+10V。该芯片内含 2 个发送器，2 个接收器，且与 TTL/CMOS 电平兼容，使用非常方便。

6. 采用 RS-232C 接口存在的问题

（1）传输距离短、速率低。RS-232C 标准受电容允许值的约束，传输距离通常不超过 15m，最高传输速率为 20Kbps。

（2）有电平偏移。RS-232 接口收发双方共地，当通讯距离较远时，两端的地电位差较大，信号地上会有较大的地电流并产生压降，以防输出的逻辑电平偏移较大，严重时会出现逻辑错误。

（3）抗干扰能力差。RS-232C 常用单端输入输出，传输过程中的干扰和噪声会混在正常的信号中。为了提高信噪比，RS-232C 标准不得不采用较大的电压摆幅。

6.2　MCS-51 单片机的串行口

6.2.1　MCS-51 串行口结构

MCS-51 串行口的内部结构如图 6-14 所示。

MCS-51 串行口有两个物理上独立的接收、发送缓冲器 SBUF（属于特殊功能寄存器），可同时发送、接收数据。发送缓冲器只能写入不能读出，接收缓冲器只能读出不能写入，两个缓冲器共用一个特殊功能寄存器字节地址（99H）。

串行口的发送和接收都是以特殊功能寄存器 SBUF 的名义进行读或写的。

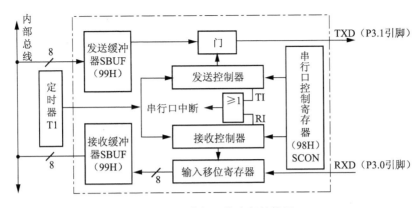

图 6-14 串行口的内部结构图

当向 SBUF 发"写"命令时（执行"MOV SBUF，A"指令），即是向发送缓冲器 SBUF 装载并开始由 TXD 引脚向外发送一帧数据，发送完便使发送中断标志位 TI = 1。从图 6-14 中可看出，接收器是双缓冲结构，在前一个字节被从接收缓冲器 SBUF 读出之前，第二个字节即开始被接收（串行输入至移位寄存器），但是，在第二个字节接收完毕而前一个字节 CPU 未读取时，会丢失前一个字节。在满足串行口接收中断标志位 RI（SCON.0）= 0 的条件下，置允许接收位 REN(SCON.4) = 1 就会接收一帧数据进入移位寄存器，并装载到接收 SBUF 中，同时使 RI = 1。当发读 SBUF 命令时（执行"MOV A，SBUF"命令），便由接收缓冲器（SBUF）取出信息，通过 80C51 内部总线送 CPU。

对于发送缓冲器，因为发送时 CPU 是主动的，不会产生重叠错误，一般不需要用双缓冲器结构来保持最大传送速率。

6.2.2 MCS-51 串行口的控制寄存器

MCS-51 串行口是可编程接口，对它初始化编程只用两个控制字分别写入特殊功能寄存器 SCON（98H）和电源控制寄存器 PCON（87H）中即可。

1. SCON（98H）

80C51 串行通信的方式选择、接收和发送控制、串行口的状态标志等均由特殊功能寄存器 SCON 控制和指示，其控制字格式如图 6-15 所示。

1) SM0、SM1——串行口四种工作方式选择位

SM0、SM1 两位编码所对应的四种工作方式见表 6-2。

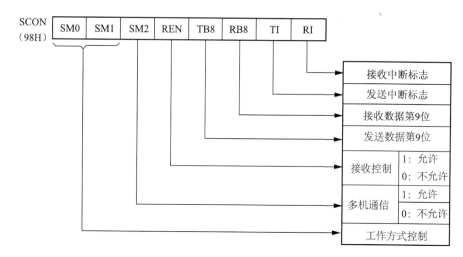

图 6-15　MCS-51 串行口的控制字格式

表 6-2　串行口的四种工作方式

SM0　SM1	方　式	功能说明
0　　0	0	同步移位寄存器式（用于扩展 I/O 口）
0　　1	1	8 位异步收发，波特率可变（由定时器控制）
1　　0	2	9 位异步收发，波特率为 $f_{osc}/64$ 或 $f_{osc}/32$
1　　1	3	9 位异步收发，波特率可变（由定时器控制）

2) SM2——多机通信控制位

多机通信是在方式 2 和方式 3 下进行的。当串口以方式 2 或方式 3 接收时，如果 SM2=1，则只有当接收到的第 9 位数据（RB8）为"1"时，才使 RI 置"1"，产生中断请求，并将接收到的前 8 位数据送入 SBUF；当接收到的第 9 位数据（RB8）为"0"时，则将接收到的前 8 位数据丢弃。当 SM2=0 时，则不论第 9 位数据是 1 还是 0，都将前 8 位数据送入 SBUF 中，并使 RI 置 1，产生中断请求。当串行口工作在方式 1 时，如果 SM2=1，则只有收到有效的停止位时才会激活 RI。当串行口工作在方式 0 时，SM2 必须为 0。

3) REN——允许串行接收位

由软件置"1"或清零。REN=1，允许串行口接收数据；REN=0，禁止串行口接收数据。

4) TB8——发送的第 9 位数据

方式 2 和方式 3，TB8 是要发送的第 9 位数据，其值由软件置"1"或清零。在双机串行通信时，一般作为奇偶校验位使用；在多机串行通信中，TB8 用来表示主机发送的是地址帧还是数据帧，TB8=1 为地址帧；TB8=0 为数据帧。

5) RB8——接收的第 9 位数据

在方式 2 和方式 3 下,RB8 存放接收到的第 9 位数据;在方式 1 下,如 SM2=0,RB8 是接收到的停止位;在方式 0 下,不使用 RB8。

6) TI——发送中断标志位

在方式 0 下,串行发送的第 8 位数据结束时 TI 由硬件置"1";在其他方式中,串行口发送停止位的开始时置 TI 为"1"。TI=1,表示一帧数据发送结束。TI 的状态可供软件查询,也可申请中断。CPU 响应中断后,在中断服务程序中向 SBUF 写入要发送的下一帧数据。TI 必须由软件清零。

7) RI——接收中断标志位

在方式 0 下,接收完第 8 位数据时,RI 由硬件置"1";在其他工作方式下,串行接收到停止位时,该位置"1"。RI=1,表示一帧数据接收完毕,并申请中断,要求 CPU 从接收 SBUF 取走数据。该位的状态也可供软件查询。RI 必须由软件清零。

SCON 的所有位都可进行位操作清零或置"1"。

2. 特殊功能寄存器 PCON

PCON 的字节地址为 87H,不能位寻址。格式如图 6-16 所示。

	D7	D6	D5	D4	D3	D2	D1	D0	
PCON	SMOD	—	—	—	GF1	GF0	PD	IDL	87H

图 6-16 特殊功能寄存器 PCON 的格式

下面介绍 PCON 中仅与串口有关的最高位 SMOD:波特率选择位。

例如,在方式 1 下的波特率计算公式为

$$方式1 波特率 = \frac{2^{SMOD}}{32} \times 定时器 T1 的溢出率$$

当 SMOD=1 时,要比 SMOD=0 时的波特率加倍,所以也称 SMOD 位为波特率倍增位。

6.2.3 MCS-51 串行口的工作方式

MCS-51 串行口的四种工作方式由特殊功能寄存器 SCON 中 SM0、SM1 位定义,编码见表 6-2。

1. 方式 0

方式 0 为同步移位寄存器输入/输出方式。该方式并不用于两个 80C51 单片机之间的异步串行通信,而是用于串行口外接移位寄存器,扩展并行 I/O 口。

8 位数据为一帧,无起始位和停止位,先发送或接收最低位。波特率固定,为 $f_{osc}/12$。方式 0 的帧格式如图 6-17 所示。

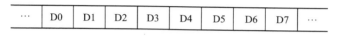

图 6-17 方式 0 的帧格式

1) 方式 0 发送过程

当 CPU 执行一条将数据写入发送缓冲器 SBUF 的指令时,产生一个正脉冲,串行口开始把 SBUF 中的 8 位数据以 $f_{osc}/12$ 的固定波特率从 RXD 引脚串行输出,低位在先,TXD 引脚输出同步移位脉冲,发送完 8 位数据,中断标志位 TI 置"1"。发送时序如图 6-18 所示。

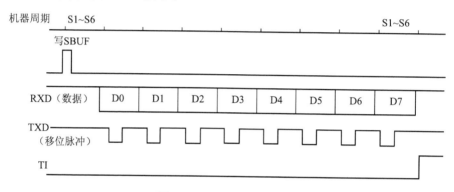

图 6-18 方式 0 发送时序

图 6-19 为方式 0 发送的一个具体应用,通过串行口外接 8 位串行输入并行输出移位寄存器 74LS164,扩展两个 8 位并行输出口的具体电路。

方式 0 发送时,串行数据由 P3.0（RXD 端）送出,移位脉冲由 P3.1（TXD 端）送出。在移位脉冲的作用下,串行口发送缓冲器的数据逐位地从 P3.0 串行移入 74LS164 中。

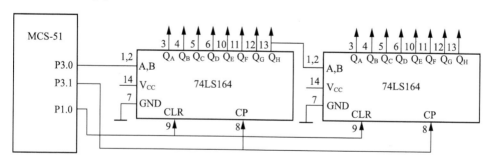

图 6-19 外接串入并出移位寄存器 74LS164 扩展的并行输出口

2) 方式 0 接收过程

方式 0 接收,REN 为串行口允许接收控制位：REN = 0,禁止接收；REN = 1,允许接收。

当向 SCON 寄存器写入控制字（设置为方式 0，并使 REN 位置 1，同时 RI = 0）时，产生一个正脉冲，串行口开始接收数据。引脚 RXD 为数据输入端，TXD 为移位脉冲信号输出端，接收器以 $f_{osc}/12$ 的固定波特率采样 RXD 引脚的数据信息，当接收完 8 位数据时，中断标志 RI 置 1，表示一帧数据接收完毕，可进行下一帧数据的接收，时序如图 6-20 所示。

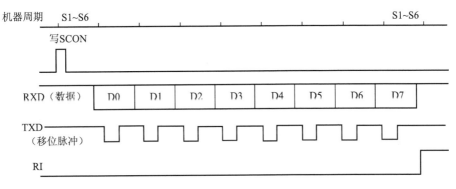

图 6-20 方式 0 接收时序

图 6-21 为方式 0 接收的一个具体应用，为串行口外接两片 8 位并行输入串行输出的寄存器 74LS165 扩展两个 8 位并行输入口的电路。

当 74LS165 的 S/$\overline{\text{L}}$ 端由高到低跳变时，并行输入端的数据被置入寄存器；当 S/$\overline{\text{L}}$ = 1，且时钟禁止端（第 15 脚）为低电平时，允许 TXD（P3.1）串行移位脉冲输入，这时在移位脉冲作用下，数据由右向左方向移动，以串行方式进入串行口的接收缓冲器中。

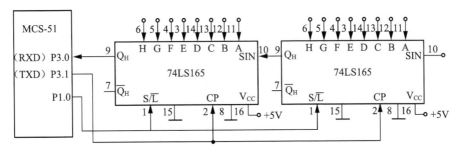

图 6-21 扩展 74LS165 作为并行输入口

TXD（P3.1）作为移位脉冲输出与所有 75LS165 的移位脉冲输入端 CP 相连；RXD（P3.0）作为串行数据输入端与 74LS165 的串行输出端 QH 相连；P1.0 与 S/$\overline{\text{L}}$ 相连，用来控制 74LS165 的串行移位或并行输入；74LS165 的时钟禁止端（第 15 脚）接地，表示允许时钟输入。当扩展多个 8 位输入口时，相邻两芯片的首尾（QH 与 SIN）相连。

在方式 0 下，SCON 中的 TB8、RB8 位没有用到，发送或接收完 8 位数据，由硬件使 TI 或 RI 中断标志位置 "1"，CPU 响应 TI 或 RI 中断，在中断服务程序中向缓中器发送缓中器 SBUF 中送入下一个要发送的数据或从接收缓冲器 SBUF 中把接收到的 1B 数据存入内部 RAM 中。

注意，TI 或 RI 标志位必须由软件清零，采用如下指令：

```
CLR   TI    ;TI 位清零
CLR   RI    ;RI 位清零
```

在方式 0 下，SM2 位（多机通信控制位）必须为 0。

2. 方式 1

方式 1 为双机串行通信方式，如图 6-22 所示。

当 SM0SM1 = 01 时，串行口设为方式 1 的双机串行通信。TXD 脚和 RXD 脚分别用于发送和接收数据。

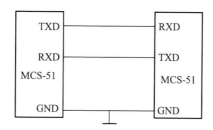

图 6-22 方式 1 双机串行通信的连接电路

方式 1 中 1 帧数据为 10 位：1 个起始位（0），8 个数据位，1 个停止位（1），先发送或接收最低位。帧格式如图 6-23 所示。

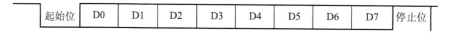

图 6-23 方式 1 的帧格式

方式 1 为波特率可变的 8 位异步通信接口。波特率的确定方式如下：

$$波特率 = \frac{2^{\text{SMOD}}}{32} \times 定时器\,T1\,的溢出率$$

式中，SMOD 为 PCON 寄存器的最高位的值（0 或 1）。

1）方式 1 发送

方式 1 输出时，数据位由 TXD 端输出，发送一帧信息为 10 位：1 位起始位，8 位数据位（先低位）和 1 位停止位。当 CPU 执行一条数据写 SBUF 的指令，就启动发送。发送时序见图 6-24。图 6-24 中 TX 时钟的频率就是发送的波特率。发送开始时，内部发送控制信号变为有效，将起始位向 TXD 脚（P3.0）输出，此后每经过一个 TX 时钟周期，便产生一个移位脉冲，并由 TXD 引脚输出一个数据位。8 位数据位全部发送完毕后，中断标志位 TI 置 1。

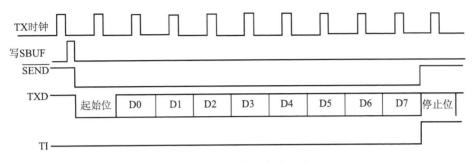

图 6-24　方式 1 发送时序

2）方式 1 接收

方式 1 接收时（REN =1），数据从 RXD（P3.1）引脚输入。当检测到起始位的负跳变时，开始接收。接收时序见图 6-25。

接收时，定时控制信号有两种：一种是接收移位时钟（RX 时钟），它的频率和传送的波特率相同；另一种是位检测器采样脉冲，频率是 RX 时钟的 16 倍。以波特率的 16 倍速率采样 RXD 脚状态。当采样到 RXD 端从 1 到 0 的负跳变时就启动检测器，接收的值是三次连续采样（第 7~9 个脉冲时采样）取两次相同的值，以确认起始位（负跳变）的开始，较好地消除干扰引起的影响。

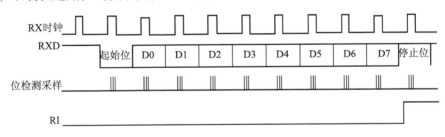

图 6-25　方式 1 接收时序

当确认起始位有效时，开始接收一帧信息。每一位数据，都进行三次连续采样（第 7~9 个脉冲采样），接收的值是三次采样中至少两次相同的值。当一帧数据接收完毕后，同时满足以下两个条件，接收才有效。

（1）RI =0，即上一帧数据接收完成时，RI =1 发出的中断请求已被响应，SBUF 中的数据已被取走，说明"接收 SBUF"已空。

（2）SM2 =0 或收到的停止位 =1（方式 1 时，停止位已进入 RB8），将接收到的数据装入 SBUF 和 RB8（装入的是停止位），且中断标志 RI 置"1"。

若不同时满足这两个条件，收到的数据不能装入 SBUF，该帧数据将丢弃。

3. 方式 2

方式 2 和方式 3 为 9 位异步通信接口。每帧数据为 11 位：1 位起始位，8 位数据位（先低位），1 位可程控为 1 或 0 的第 9 位数据和 1 位停止位。方式 2、方式 3 帧格式如图 6-26 所示。

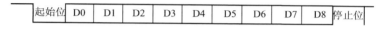

图 6-26 方式 2、方式 3 的帧格式

方式 2 的波特率计算如下：

$$波特率 = \frac{2^{SMOD}}{64} \times f_{osc}$$

1) 方式 2 发送

发送前，先根据通信协议由软件设置 TB8（如奇偶校验位或多机通信的地址/数据标志位），然后将要发送的数据写入 SBUF，即启动发送。TB8 自动装入第 9 位数据位，逐一发送。发送完毕，使 TI 位置"1"。发送时序如图 6-27 所示。

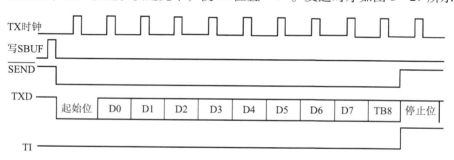

图 6-27 方式 2 和方式 3 发送时序

【例 6-1】 方式 2 发送在双机串行通信中的应用

下面的发送中断服务程序，以 TB8 作为奇偶校验位，偶校验发送。数据写入 SBUF 之前，先将数据的偶校验位写入 TB8（设第 2 组的工作寄存器区的 R0 作为发送数据区地址指针）。

```
PIPTI: PUSH  PSW        ；现场保护
       PUSH  Acc
       SETB  RS1        ；选择第 2 组工作寄存器区
       CLR   RS0
       CLR   TI         ；发送中断标志清零
       MOV   A, @R0     ；取数据
       MOV   C, P       ；校验位送 TB8，采用偶校验
```

```
        MOV   TB8, C      ; P=1, 校验位 TB8=1; P=0, 校验位 TB8=0
        MOV   SBUF, A     ; A 数据发送, 同时发 TB8
        INC   R0          ; 数据指针加 1
        POP   Acc         ; 恢复现场
        POP   PSW
        RETI              ; 中断返回
```

2) 方式 2 接收

当 SM0SM1=10, 且 REN=1 时, 以方式 2 接收数据。数据由 RXD 端输入, 接收 11 位信息。当位检测逻辑采样到 RXD 的负跳变, 判断起始位有效, 便开始接收一帧信息。在接收完第 9 位数据后, 需满足以下两个条件, 才能将接收到的数据送入 SBUF (接收缓冲器):

(1) RI=0, 意味着接收缓冲器为空。
(2) SM2=0 或接收到的第 9 位数据位 RB8=1。

当满足上述两个条件时, 收到的数据送 SBUF (接收缓冲器), 第 9 位数据送入 RB8, 且 RI 置 "1"; 若不满足这两个条件, 接收的信息将被丢弃。

串行口方式 2 和方式 3 接收时序如图 6-28 所示。

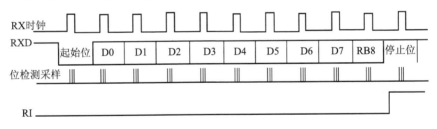

图 6-28 方式 2 和方式 3 接收时序

【例 6-2】 方式 2 接收在双机通信中的应用。

本例对例 6-1 发送的数据进行偶校验接收, 程序如下 (设 1 组寄存器区的 R0 为数据缓冲区指针):

```
  PIRI: PUSH  PSW        ; 保护现场
        PUSH  Acc
        SETB  RS0        ; 选择 1 组寄存器区
        CLR   RS1
        CLR   RI
        MOV   A, SBUF    ; 将接收到数据送到累加器 A
        MOV   C, P       ; 接收到数据字节的奇偶性送入 C 位
        JNC   L1         ; C=0, 收的字节 1 的个数为偶数, 跳 L1 处
```

```
            JNB    RB8,ERP      ;C=1,再判 RB8=0?如 RB8=0,则出错,
                                 跳 ERP 出错处理
            AJMP   L2           ;C=1,RB8=1,收的数据正确,跳 L2 处
   L1:      JB     RB8,ERP      ;C=0,再判 RB8=1?如 RB8=1
                                 则出错,跳 ERP 出错处理
   L2:      MOV    @R0,A        ;C=0,RB8=0 或 C=1,RB8=1,
                                 接收数据正确,存入数据缓冲区
            INC    R0           ;数据缓冲区指针增 1,为下次接收做准备
            POP    Acc          ;恢复现场
            POP    PSW
   ERP:     ……                   ;出错处理程序段入口
            ……
            RETI
```

3. 方式3

当 SM0SM1=11 时,以方式3接收数据,为波特率可变的9位异步通信方式,除了波特率外,方式3和方式2相同。方式3发送和接收时序如图6-27和图6-28所示。

方式3的波特率计算如下:

$$波特率 = \frac{2^{SMOD}}{32} \times 定时器\ T1\ 的溢出率$$

6.2.4 MCS-51 波特率初始化步骤

1. 波特率的计算

串行通信,收、发双方发送或接收的波特率必须一致。在四种工作方式中,方式0和方式2的波特率是固定的;方式1和方式3的波特率是可变的,由T1溢出率确定。

(1) 方式0时,波特率固定为时钟频率 f_{osc} 的 1/12,不受 SMOD 位值的影响。

$$方式\ 0\ 波特率 = f_{osc}/12 \qquad (6-1)$$

若 f_{osc} = 12MHz,波特率为 1Mbit/s。

(2) 方式2时,波特率仅与 SMOD 位的值有关。

$$方式\ 2\ 波特率 = \frac{2^{SMOD}}{64} \times f_{osc} \qquad (6-2)$$

若 f_{osc} = 12MHz;SMOD=0,波特率=187.5Kbit/s;SMOD=1,波特率=375Kbit/s。

(3) 方式1或方式3定时,常用T1作为波特率发生器,其关系式为

$$\text{波特率} = \frac{2^{\text{SMOD}}}{32} \times \text{定时器 T1 的溢出率} \quad (6-3)$$

由式（6-3）见，T1 溢出率和 SMOD 的值共同决定波特率。

在实际设定波特率时，T1 常设置为方式 2 定时（自动装初值），即 TL1 作为 8 位计数器，TH1 存放备用初值。这种方式操作方便，也避免因软件重装初值带来的定时误差。

设定时器 T1 方式 2 的初值为 X，则有

$$\text{定时器 T1 的溢出率} = \frac{\text{计数速率}}{256 - X} = \frac{f_{osc}/12}{256 - X} \quad (6-4)$$

将式（6-4）代入式（6-3），则有

$$\text{波特率} = \frac{2^{\text{SMOD}}}{32} \times \frac{f_{osc}}{12(256 - X)} \quad (6-5)$$

由式（6-5）可见，波特率随 f_{osc}、SMOD 和初值 X 而变化。

实际使用时，经常根据已知波特率和时钟频率 f_{osc} 来计算 T1 的初值 X。为避免繁杂的初值计算，常用的波特率和初值 X 间的关系见表 6-3，以供查用。

表 6-3 用定时器 T1 产生的常用波特率

波特率	f_{osc}	SMOD 位	方式	初值 X
62.5Kbit/s	12MHz	1	2	FFH
19.2Kbit/s	11.0592MHz	1	2	FDH
9.6Kbit/s	11.0592MHz	0	2	FDH
4.8Kbit/s	11.0592MHz	0	2	FAH
2.4Kbit/s	11.0592MHz	0	2	F4H
1.2Kbit/s	11.0592MHz	0	2	E8H

2. 串行口初始化步骤

在使用串行口前，应对其进行初始化，主要内容如下：

(1) 确定 T1 的工作方式（TMOD）。
(2) 计算 T1 的初值，装载 TH1、TL1。
(3) 启动 T1（置位 TR1）。
(4) 确定串行口工作方式（SCON）。
(5) 串口中断设置（IE、IP）。

6.2.5 多机通信

多个单片机可利用串行口进行多机通信，经常采用如图 6-29 所示的主从式结构。系统中有一个主机（单片机或其他有串行接口的微机）和多个单片机组成的从机系统。主机的 RXD 与所有从机的 TXD 端相连，TXD 与所有从机的 RXD

端相连。从机地址分别为01H、02H和03H。

主从式是指多机系统中,只有一个主机,其余全是从机。主机发送的信息可以被所有从机接收,任何一个从机发送的信息,只能由主机接收。从机和从机之间不能进行直接通信,只能经主机才能实现。

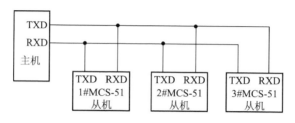

图6-29 多机通信系统示意图

1. 多机通信的工作原理

要保证主机与所选择的从机通信,须保证串口有识别功能。SCON中的SM2位就是为满足这一条件设置的多机通信控制位。其工作原理是在串行口以方式2(或方式3)接收时,若SM2=1,则表示进行多机通信,可能有以下两种情况:

(1) 从机接收到的主机发来的第9位数据RB8=1时,前8位数据才装入SBUF,并置中断标志RI=1,向CPU发出中断请求。在中断服务程序中,从机把接收到的SBUF中的数据存入数据缓冲区中。

(2) 如果从机接收到的第9位数据RB8=0时,则不产生中断标志RI=1,不引起中断,从机不接收主机发来的数据。若SM2=0,则接收的第9位数据不论是0还是1,从机都将产生RI=1中断标志,接收到的数据装入SBUF中。应用这一特性,可实现MCS-51单片机的多机通信。

2. 多机通信的工作过程

(1) 各从机初始化程序允许从机的串行口中断,将串行口编程为方式2或方式3接收,即9位异步通信方式,且SM2和REN位置"1",使从机处于多机通信且只接收地址帧的状态。

(2) 在主机和某个从机通信之前,先将从机地址(即准备接收数据的从机)发送给各个从机,接着才传送数据(或命令),主机发出的地址帧信息的第9位为1,数据(或命令)帧的第9位为0。当主机向各从机发送地址帧时,各从机的串行口接收到的第9位信息RB8为1,且由于各从机的SM2=1,则RI置"1",各从机响应中断,在中断服务子程序中,判断主机送来的地址是否和本机地址相符合。若为本机地址,则该从机SM2位清零,准备接收主机的数据或命令;若地址不相符,则保持SM2=1。

(3) 接着主机发送数据(或命令)帧,数据帧的第9位为0,此时各从机接收到的RB8=0。只有与前面地址相符合的从机(即SM2位已清零的从机)才能激活中断标志位 RI，从而进入中断服务程序，接收主机发来的数据（或命令）；与主机发来的地址不相符的从机，由于 SM2 保持为 1，又因 RB8 = 0，因此不能激活中断标志 RI，就不能接受主机发来的数据帧，从而保证主机与从机间通信的正确性。此时，主机与建立联系的从机已经设置为单机通信模式，即在整个通信中，通信的双方都要保持发送数据的第 9 位（即 TB8 位）为 0，防止其他的从机误接收数据。

（4）结束数据通信并为下一次的多机通信做好准备。在多机系统中，每个从机都被赋予唯一的地址。例如，图 6-29 三个从机的地址可设为：01H、02H、03H，还要预留 1~2 个"广播地址"，它是所有从机共有的地址，例如将"广播地址"设为 00H。当主机与从机的数据通信结束后，一定要将从机再设置为多机通信模式，以便进行下一次的多机通信。这时要求与主机正在进行数据传输的从机必须随时注意，一旦接收的数据第 9 位（RB8）为"1"，说明主机传送的不再是数据，而是地址，这个地址就有可能是"广播地址"。当收到"广播地址"后，便将从机的通信模式再设置成多机模式，为下一次的多机通信做好准备。

6.3 MCS-51 单片机的串行口应用

利用串行口可实现单片机间的点对点串行通信、多机通信以及单片机与 PC 机间的单机或多机通信。限于篇幅，本节仅介绍单片机间的双机串行通信的接口和软件设计。

6.3.1 双机串行通信的硬件连接

MCS-51 串行口的输入、输出均为 TTL 电平，具有抗干扰性差、传输距离短、传输速率低等不足。为提高串行通信的可靠性，增大串行通信的距离和提高传输速率，都采用标准串行接口，如 RS-232、RS-422A、RS-485 等。根据通信距离和抗干扰性要求，可选择 TTL 电平传输、RS-232C、RS-422A、RS-485 串口进行串行数据传输。

1. TTL 电平通信接口

如果两个单片机相距在 1.5m 之内，它们的串行口可直接相连，接口如图 6-22 所示。甲机 RXD 与乙机 TXD 端相连，乙机 RXD 与甲机 TXD 端相连。

2. RS-232C 双机通信接口

如果双机通信距离在 1.5~15m 之间时，可用 RS-232C 标准接口实现点对点的双机通信，接口如图 6-30 所示。图 6-30 的 MAX232A 是美国 MAXIM（美信）公司生产的 RS-232C 双工发送器/接收器电路芯片。

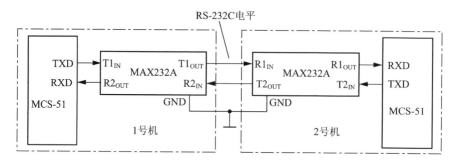

图 6-30　RS-232C 双机通信接口电路

3. RS-422A 双机通信接口

RS-232C 有明显缺点：传输速率低、通信距离短、接口处信号容易产生串扰等。为解决这些问题，国际上又推出了 RS-422A 标准。RS-422A 与 RS-232C 的主要区别是：收发双方的信号地不再共地。RS-422A 采用了平衡驱动和差分接收的方法。用于数据传输的是两条平衡导线，这相当于两个单端驱动器。两条线上传输的信号电平，当一个表示逻辑"1"时，另一条一定为逻辑"0"。若传输中，信号中混入干扰和噪声（共模形式），由于差分接收器的作用，就能识别有用信号并正确接收传输的信息，并使干扰和噪声相互抵消。RS-422A 能在长距离、高速率下传输数据。它的最大传输率为 10Mbit/s，电缆允许长度为 12m，如果采用较低传输速率时，最大传输距离可达 1219m。为了增加通信距离，可采用光电隔离，利用 RS-422A 标准进行双机通信的接口电路如图 6-31 所示。图中，每个通道的接收端都接有三个电阻 R_1、R_2 和 R_3，其中 R_1 为传输线的匹配电阻，取值范围在 $50 \sim 1000\Omega$，其他两个电阻是为了解决第一个数据的误码而设置的匹配电阻。为了起到隔离、抗干扰的作用，图 6-31 中必须使用两组独立的电源。图中的 SN75174、SN75175 是 TTL 电平到 RS-422A 电平与 RS-422A 电平到 TTL 电平的电平转换芯片。

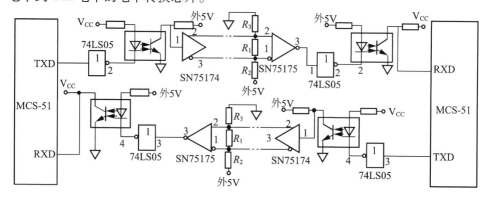

图 6-31　RS-422A 双机通信接口电路

4. RS-485 双机通信接口

RS-422A 双机通信需四芯传输线，这对长距离通信很不经济，故在工业现场，通常采用双绞线传输的 RS-485 串行通信接口，很容易实现多机通信。

RS-485 是 RS-422A 的变型，它与 RS-422A 的区别：RS-422A 为全双工，采用两对平衡差分信号线；RS-485 为半双工，采用一对平衡差分信号线。

RS-485 对于多站互连是十分方便的，很容易实现多机通信。RS-485 允许最多并联 32 台驱动器和 32 台接收器。图 6-32 为 RS-485 通信接口电路。与 RS-422A 一样，最大传输距离约为 1219m，最大传输速率为 10Mbit/s。

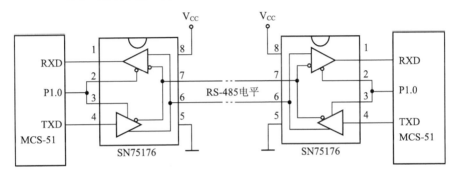

图 6-32 RS-485 通信接口电路

通信线路要采用平衡双绞线，平衡双绞线的长度与传输速率成反比，在 100Kbit/s 速率以下，才可能使用规定的最长电缆。只有在很短的距离下才能获得最大传输速率。一般 100m 长双绞线最大传输速率仅为 1Mbit/s。图 6-32 中，RS-485 以双向、半双工的方式来实现双机通信。在 MCS-51 单片机系统发送或接收数据前，应先将 SN75176 的发送门或接收门打开。当 P1.0 = 1 时，发送门打开，接收门关闭；当 P1.0 = 0 时，接收门打开，发送门关闭。图 6-32 中的 SN75176 芯片内集成了一个差分驱动器和一个差分接收器，且兼有 TTL 电平到 RS-485 电平、RS-485 电平到 TTL 电平的转换功能。

此外常用的 RS-485 接口芯片还有 MAX485。

5. 串行通信设计需要考虑的问题

单片机的串行通信接口设计时，需考虑如下问题：
（1）首先确定通信双方的数据传输速率。
（2）由数据传输速率确定采用的串行通信接口标准。
（3）在通信接口标准允许的范围内确定通信的波特率。为减小波特率的误差，通常选用 11.0592MHz 的晶振频率。
（4）根据任务需要，确定收发双方使用的通信协议。
（5）通信线的选择，这是要考虑的一个很重要的因素。通信线一般选用双绞线较好，并根据传输的距离选择纤芯的直径。如果空间的干扰较多，还要选择带有屏蔽层的双绞线。

(6) 通信协议确定后，进行通信软件编程，请见下面介绍。

6.3.2 双机串行通信的软件编程

串行口的方式 1~3 是用于串行通信的，下面介绍双机串行通信软件编程。

应当说明的是，下面介绍的双机串行通信的编程实际上与上面介绍的各种串行标准的硬件接口电路无关，因为采用不同的标准串行通信接口仅仅是由双机串行通信距离、传输速率以及抗干扰性能来决定的。

1) 串行口方式 1 应用编程

【例 6-3】 采用方式 1 进行双机串行通信，收、发双方均采用 6MHz 晶振，波特率为 2400bit/s，一帧信息为 10 位，发送方把以 78H、77H 单元的内容为首地址，以 76H、75H 单元内容减 1 为末地址的数据块通过串口发送给收方。

发送方要发送的数据块的地址为 2000H~201FH。先发地址帧，再发数据帧；接收方在接收时使用一个标志位来区分接收的是地址还是数据，然后将其分别存放到指定的单元中。发送方可采用查询方式或中断方式发送数据，接收方可采用中断或查询方式接收。

(1) 甲机发送程序。

中断方式的发送程序如下：

```
        ORG   0000H           ;程序初始入口
        LJMP  MAIN
        ORG   0023H           ;串行中断入口
        LJMP  COM_INT
        ORG   1000H
MAIN:   MOV   SP, #53H        ;设置堆栈指针
        MOV   78H, #20H       ;设发送的数据块首、末地址
        MOV   77H, #00H
        MOV   76H, #20H
        MOV   75H, #40H
        ACALL TRANS           ;调用发送子程序
HERE:   SJMP  HERE
TRANS:  MOV   TMOD, #20H      ;设置定时器/计数器工作方式
        MOV   TH1, #0F3H      ;设置计数器初值
        MOV   TL1, #0F3H
        MOV   PCON, #80H      ;波特率加倍
```

```
            SETB    TR1                 ;接通计数器计数
            MOV     SCON, #40H          ;设置串行口工作方式
            MOV     IE, #00H            ;先关中断,用查询方式发送地址帧
            CLR     F0
            MOV     SBUF, 78H           ;发送首地址高8位
WAIT1:      JNB     TI, WAIT1
            CLR     TI
            MOV     SBUF, 77H           ;发送首地址低8位
WAIT2:      JNB     TI, WAIT2
            CLR     TI
            MOV     SBUF, 76H           ;发送末地址高8位
WAIT3:      JNB     TI, WAIT3
            CLR     TI
            MOV     SBUF, 75H           ;发送末地址低8位
WAIT4:      JNB     TI, WAIT4
            CLR     TI
            MOV     IE, #90H            ;打开中断允许寄存器,采用中断方
                                        ; 式发送数据
            MOV     DPH, 78H
            MOV     DPL, 77H
            MOVX    A, @DPTR
            MOV     SBUF, A             ;发送首个数据
WAIT:       JNB     F0, WAIT            ;发送等待
            RET
COM_INT:    CLR     TI                  ;关发送中断标志位TI
            INC     DPTR                ;数据指针加1,准备发送下个数据
            MOV     A, DPH              ;判断当前被发送的数据的地址是不是
                                        ; 末地址
            CJNE    A, 76H, END1        ;不是末地址则跳转
            MOV     A, DPL              ;同上
            CJNE    A, 75H, END1
            SETB    F0                  ;数据发送完,置1标志位
            CLR     ES                  ;关串行口中断
            CLR     EA                  ;关中断
            RET                         ;中断返回
```

```
        END1: MOVX   A, @DPTR         ;将要发送的数据送累加器,准备发送
              MOV    SBUF, A          ;发送数据
              RETI                    ;中断返回
              END
```

(2) 乙机接收程序。

中断方式的接收程序如下:

```
              ORG    0000H
              LJMP   MAIN
              ORG    0023H
              LJMP   COM_INT
              ORG    1000H
        MAIN: MOV    SP, #53H         ;设置堆栈指针
              ACALL  RECEI            ;调用接收子程序
        HERE: SJMP   HERE
       RECEI: MOV    R0, #78H         ;设置地址接收区
              MOV    TMOD, #20H       ;设置定时器/计数器工作方式
              MOV    TH1, #0F3H       ;设置波特率
              MOV    TL1, #0F3H
              MOV    PCON, #80H       ;波特率加倍
              SETB   TR1              ;开计数器
              MOV    SCON, #50H       ;设置串行口工作方式
              MOV    IE, #90H         ;开中断
              CLR    F0               ;标志位清零
              CLR    7FH
        WAIT: JNB    7F, WAIT         ;查询标志位,等待接收
              RET
     COM_INT: PUSH   DPL              ;压栈,保护现场
              PUSH   DPH
              PUSH   Acc
              CLR    RI               ;接收中断标志位清零
              JB     F0, R_DATA       ;判接收的是数据不是地址,F0=0为地址
              MOV    A, SBUF          ;接收数据
              MOV    @R0, A           ;将地址帧送指定的寄存器
              DEC    R0
```

```
            CJNE    R0, #74H, RETN
            SETB    F0              ;置标志位,地址接收完毕
  RETN:     POP     Acc             ;出栈,恢复现场
            POP     DPH
            POP     DPL
            RETI                    ;中断返回
  R_DATA:   MOV     DPH, 78H        ;数据接收程序区
            MOV     DPL, 77H
            MOV     A, SBUF         ;接收数据
            MOVX    @DPTR, A        ;送指定的数据到存储单元中
            INC     77H             ;地址加1
            MOV     A, 77H          ;判断当前接收数据的地址是否向高8位
                                     进位
            JNZ     END2
            INC     78H
  END2:     MOV     A, 76H
            CJNE    A, 78H, RETN    ;判断是否最后一帧,不是则继续
            MOV     A, 75H
            CJNE    A, 77H, RETN    ;是最后一帧则各种标志位清零
            CLR     ES
            CLR     EA
            SETB    7FH
            SJMP    RETN            ;跳入返回子程序区
            END
```

2) 串行口方式2应用编程

方式2和方式1有两点不同之处。接收/发送11位信息,多出第9位程控位,该位可由用户置TB8决定,这是一个不同点。另一不同点是方式2波特率变化范围比方式1小,方式2的波特率=振荡器频率/n。

当SMOD=0时, $n=64$;

当SMOD=1时, $n=32$。

鉴于方式2的使用和方式3基本一样(只是波特率不同),所以方式2的应用可参照下面的方式3编程。

3) 串行口方式3应用编程

【例6-4】 用方式3进行发送和接收。发送方采用查询方式发送地址帧,采用中断或查询方式发送数据,接收方采用中断或查询方式接收数据。发方和收

方均采用6MHz的晶振，波特率为4800bit/s。

发方首先将存在78H和77H单元中的地址发送给接收方，然后发送数据00H~FFH，共256个数据。

（1）甲机发送程序。

中断方式的发送程序如下：

```
        ORG    0000H
        LJMP   MAIN
        ORG    0023H
        LJMP   COM_INT
        ORG    1000H
MAIN:   MOV    SP, #53H          ;设置堆栈指针
        MOV    78H, #20H         ;设要存放数据单元的首地址
        MOV    77H, #00H
        ACALL  TRAN              ;调用发送子程序
HERE:   SJMP   HERE
TRANS:  MOV    TMOD, #20H        ;设置定时器/计数器工作方式
        MOV    TH1, #0FDH        ;设置波特率为4800bit/s
        MOV    TL1, #0FDH
        SETB   TR1               ;开定时器
        MOV    SCON, #0E0H       ;设置串行口工作方式为方式3
        SETB   TB8               ;设置第9位数据位
        MOV    IE, #00H          ;关中断
        MOV    SBUF, 78H         ;查询方式发首地址高8位
WAIT:   JNB    TI, WAIT
        CLR    TI
        MOV    SBUF, 77H         ;发送首地址低8位
WAIT2:  JNB    TI, WAIT2
        CLR    TI
        MOV    IE, #90H          ;开中断
        CLR    TB8
        MOV    A, #00H
        MOV    SBUF, A           ;开始发送数据
WAIT1:  CJNE   A, #0FFH, WAIT1   ;判数据是否发送完毕
        CLR    ES                ;发送完毕则关中断
        RET
```

```
COM_ INT: CLR     TI                  ;中断服务子程序段
          INC     A                   ;要发送数据值加 1
          MOV     SBUF, A             ;发送数据
          RETI                        ;中断返回
          END
```

(2) 乙机接收程序。

接收方把先接收到的数据送给数据指针,将其作为数据存放的首地址,然后将接下来接收到的数据存放到以先前接收的数据为首地址的单元中去。

中断方式的接收程序如下:

```
          ORG     0000H
          LJMP    MAIN
          ORG     0023H
          LJMP    COM_ INT
          ORG     1000H
MAIN:     MOV     SP, #53H            ;设置堆栈指针
          MOV     R0, #0FEH           ;设置地址帧接收计数寄存器初值
          ACALL   RECEI               ;调用接收子程序
HERE:     SJMP    HERE
RECEI:    MOV     TMOD, #20H          ;设定时器工作方式
          MOV     TH1, #0FDH          ;设置波特率为 4800bit/s
          MOV     TL1, #0FDH
          SETB    TR1                 ;开定时器
          MOV     IE, #90H            ;开中断
          MOV     SCON, #0F0H         ;设串口工作方式,允许接收
          SETB    F0                  ;设置标志位
WAIT:     JB      F0, WAIT            ;等待接收
          RET
COM_ INT: CLR     RI                  ;接收中断标志位清零
          MOV     C, RB8              ;判第 9 位数据,是数据还是地址
          JNC     PD2                 ;是地址则送给数据指针指示器 DPTR
          INC     R0
          MOV     A, R0
          JZ      PD
          MOV     DPH, SBUF
```

```
                SJMP   PD1
    PD: MOV     DPL, SBUF
        CLR     SM2                    ;地址标志位清零
    PD1: RETI
    PD2: MOV    A, SBUF                ;接收数据
         MOVX   @DPTR, A
         INC    DPTR
         CJNE   A, #0FFH, PD1          ;判断是否为最后一帧数据
         SETB   SM2                    ;如果是,则相关标志位清零
         CLR    F0
         CLR    ES
         RETI                          ;中断返回
         END
```

一般来说,定时器方式 2 用来确定波特率是比较理想,它不需反复装初值,且波特率比较准确。在波特率不是很低的情况下,建议使用定时器 T1 的方式 2 来确定波特率。

习题与思考题

1. 简述 80C51 单片机内部串行接口的四种工作方式。
2. 简述 MCS – 51 中 SCON 的 SM2、TB8、RB8 有何作用。
3. 试述 MCS – 51 串行口四种工作方式波特率的产生方式。
4. 说明多级通信原理。
5. 为什么定时器 T1 用作串行口波特率发生器时,常采用工作方式 2?
6. 某一异步通信接口,其帧格式由 1 个起始位、7 个数据位、1 个奇偶校验位和 1 个停止位组成,现要求该口每分钟传送 1800 个字符时,计算出传送波特率。
7. 通信接口 RS – 232C 在现代网络通信中主要的缺点是什么?
8. RS – 422A 和 RS – 485 有何区别与联系?

项目六

串 行 通 信

一、项目目标

【能力目标】
能用串行口实现单片机与 PC 机的通信。

【知识目标】
了解串行口异步通信方式。
了解串行口内部结构。
掌握与串行口有关的特殊功能寄存器 SBUF、SCON、PCON 的功能与使用方法。
掌握串行口的初始化设置。
掌握波特率的设置。
掌握串行口中断程序的编写方法。
了解串行口工作方式 2 的数据发送与接收过程。

二、项目要求

编写程序,通过串口接收 PC 机发送来的数据,把接收到的数据通过 P1 口输出,同时又转发给 PC 机,从而实现 CP 机与单片机的通信。

三、硬件设计

实训线路如图 6-33 所示,MAX232 它将单片机发出的 TTL 电平信号("0"电平为 0~0.35V,"1"电平为 2~5V)转化为 RS-232 电平信号("1"电平为 -15~-3V,"0"电平为 3~15V)。收发信号经 RS-232 再由电缆传到 PC 机。

四、软件设计

```
        ORG     000H
        AJMP    MAIN
        ORG     0023H           ;串行中断入口地址
        AJMP    COM_ INT        ;串行中断服务程序
```

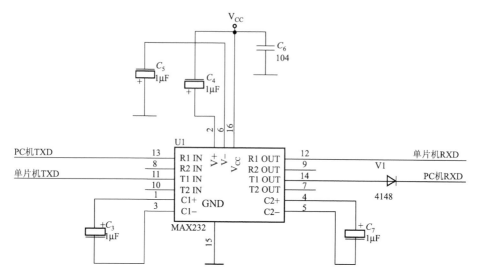

图 6-33　串口通信电路原理图

```
            ORG    0030H
    MAIN:   MOV    P1，#0FFH
            MOV    SP，#30H
            CLR    P3.7            ;禁止蜂鸣器
            MOV    TMOD，#20H       ;设置定时器 T1 为工作方式 2
            MOV    TL1，#0F4H       ;定时器计数器初值，波特率 2400
            MOV    TH1，#0F4H
            SETB   EA              ;中断总允许
            SETB   ES              ;串行中断允许
            MOV    PCON，#00H       ;波特率不倍增
            MOV    SCON，#50H       ;设置串口工作方式 1，REN=1，
                                    允许接收
            SETB   TR1             ;启动定时器 1
            SJMP   $
    COM_INT: CLR   ES              ;禁止串行中断
            CLR    RI              ;清除接收标志
            MOV    A，SBUF          ;从缓冲区取出数据
            MOV    P1，A            ;由 P1 口输出数据
            MOV    SBUF，A          ;把接收到的数据又转发给上位机
            JNB    TI，$            ;4 等待发送完毕
            CLR    TI              ;清除发送中断标志
```

```
        SETB    ES                      ;允许串行中断
        RETI                            ;中断返回
        END
```

五、项目实施

首先把程序下载到主机的芯片里,把主机模块和继电器控制模块相连(或其他模块相连,是为了 P1 口输出指示),再把串口连接电缆和 PC 机相连,PC 机运行"串行调试助手",波特率选择 2400,选择 16 进制发送、16 进制接收。在 PC 机上发送数据,在接收区的数据、P1 口输出的数据和刚发送的数据是对应的。

六、能力训练

在本项目中采用中断方式,完成数据通信,试用查询方式完成程序的编写。

第 7 章

MCS–51 单片机系统扩展

在许多情况下，MCS–51 单片机片内的存储器资源还不能满足需要，为此 MCS–51 单片机需要进行外部程序存储器和外部数据存储器的扩展。

7.1 系统扩展结构

MCS–51 单片机采用总线结构，使扩展易于实现。MCS–51 单片机系统扩展结构如图 7–1 所示。

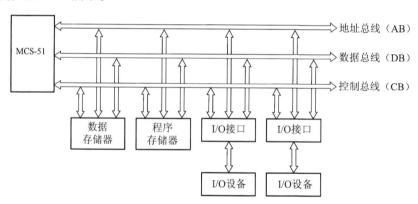

图 7–1 MCS–51 单片机的系统扩展结构

由图 7–1 可以看出，系统扩展主要包括存储器扩展和 I/O 接口部件扩展。

MCS–51 单片机的存储器扩展既包括程序存储器扩展又包括数据存储器扩展。MCS–51 单片机采用程序存储器空间和数据存储器空间截然分开的哈佛结构。扩展后，系统形成了两个并行的外部存储器空间。系统扩展是以 MCS–51 为核心，通过总线把单片机与各扩展部件连接起来。因此，要进行系统扩展首先要构造系统总线。

系统总线按功能通常分为三组，如图 7–1 所示。

（1）地址总线（AB，Address Bus）：用于传送单片机发出的地址信号，以便进行存储单元和 I/O 接口芯片中的寄存器单元的选择。

（2）数据总线（DB，Data Bus）：用于单片机与外部存储器之间或与 I/O 接口之间传送数据,数据总线是双向的。

(3) 控制总线 (CB, Control Bus):是单片机发出的各种控制信号线。

如何来构造系统的三总线?

1. P0 口作为低 8 位地址/数据总线

MCS-51 受引脚数目限制,P0 口既用作低 8 位地址总线,又用作数据总线(分时复用),因此需增加一个 8 位地址锁存器。MCS-51 访问外部扩展的存储器单元或 I/O 接口寄存器时,先发出低 8 位地址送地址锁存器锁存,锁存器输出作为系统的低 8 位地址 (A7~A0)。随后,P0 口又作为数据总线口 (D7~D0),如图 7-2 所示。

2. P2 口的口线作为高位地址线

P2 口用作系统的高 8 位地址线,再加上地址锁存器提供的低 8 位地址,便形成了系统完整的 16 位地址总线。使单片机系统的寻址范围达到 64KB。

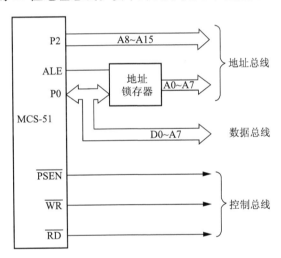

图 7-2 MCS-51 单片机扩展的片外三总线

3. 控制信号线

除地址线和数据线外,还要有系统的控制总线。这些信号有的就是单片机引脚的第一功能信号,有的则是 P3 口第二功能信号。包括:

(1) $\overline{PSEN}$ 作为外扩程序存储器的读选通控制信号。

(2) $\overline{RD}$ 和 $\overline{WR}$ 为外扩数据存储器和 I/O 的读、写选通控制信号。

(3) ALE 作为 P0 口发出的低 8 位地址锁存控制信号。

(4) $\overline{EA}$ 为片内、片外程序存储器的选择控制信号。

可见,MCS-51 的四个并行 I/O 口,由于系统扩展的需要,真正作为数字 I/O 用的,就剩下 P1 和 P3 的部分口线了。

7.2 地址空间分配和外部地址锁存器

本节讨论如何进行存储器空间的地址分配，并介绍用于输出低 8 位地址的常用的地址锁存器。

7.2.1 存储器地址空间分配

实际系统设计中，既需要扩展程序存储器，又需要扩展数据存储器。如何把片外的两个 64KB 地址空间分配给各个程序存储器、数据存储器芯片，使一个存储单元只对应一个地址，避免单片机发出一个地址时，同时访问两个单元，发生数据冲突。这就是存储器地址空间分配问题。

MCS-51 单片机发出的地址码用于选择某个存储器单元，外扩多片存储器芯片中，单片机必须进行两种选择：一是选中该存储器芯片，称为"片选"，未被选中的芯片不能被访问；二是在"片选"的基础上再根据单片机发出的地址码来对"选中"芯片的某一单元进行访问，即"单元选择"。

为实现片选，存储器芯片都有片选引脚，同时也都有多条地址线引脚，以便进行单元选择。注意，"片选"和"单元选择"都是单片机通过地址线一次发出的地址信号来完成的。通常把单片机系统的地址线笼统地分为低位地址线和高位地址线，"片选"都是使用高位地址线。实际上，16 条地址线中的高、低位地址线的数目并不是固定的，只是习惯上把用于"单元选择"的地址线都称为低位地址线，其余的为高位地址线。

常用的存储器地址空间分配方法有两种：线性选择法（简称线选法）和地址译码法（简称译码法），下面分别对其进行介绍。

1. 线选法

线选法是直接利用系统的某一高位地址线作为存储器芯片（或 I/O 接口芯片）的"片选"控制信号。为此，只需要把用到的高位地址线与存储器芯片的"片选"端直接连接即可。

线选法的优点是电路简单，不需要另外增加地址译码器硬件电路，体积小，成本低；缺点是可寻址的芯片数目受到限制，另外，地址空间不连续，每个存储单元的地址不唯一，这会给程序设计带来不便，只适用于外扩芯片数目不多的单片机系统的存储器扩展。

2. 译码法

译码法使用译码器对 MCS-51 单片机的高位地址进行译码，译码输出作为存储器芯片的片选信号。这种方法能够有效地利用存储器空间，适用于多芯片的存储器扩展。常用的译码器芯片有 74LS138（3 线-8 线译码器）、74LS139（双 2

线-4线译码器)和 74LS154(4线-16线译码器)。

若全部高位地址线都参加译码,称为全译码;若仅部分高位地址线参加译码,称为部分译码。部分译码存在着部分存储器地址空间相重叠的情况。

下面介绍常用的译码器芯片。

1) 74LS138

74LS138 是3线-8线译码器,有三个数据输入端,经译码产生八种状态。引脚如图7-3所示,真值表见表7-1。由表7-1可见,当译码器的输入为某一固定编码时,其输出仅有一个固定的引脚输出为低电平,其余的为高电平。输出为低电平的引脚就作为某一存储器芯片的片选信号。

表7-1 74LS138 真值表

输入端					输出端							
G1	$\overline{G2A}$	$\overline{G2B}$	C	B	A	$\overline{Y7}$	$\overline{Y6}$	$\overline{Y5}$	$\overline{Y4}$	$\overline{Y3}$	$\overline{Y2}$	$\overline{Y1}$	$\overline{Y0}$
1	0	0	0	0	0	1	1	1	1	1	1	1	0
1	0	0	0	0	1	1	1	1	1	1	1	0	1
1	0	0	0	1	0	1	1	1	1	1	0	1	1
1	0	0	0	1	1	1	1	1	1	0	1	1	1
1	0	0	1	0	0	1	1	1	0	1	1	1	1
1	0	0	1	0	1	1	1	0	1	1	1	1	1
1	0	0	1	1	0	1	0	1	1	1	1	1	1
1	0	0	1	1	1	0	1	1	1	1	1	1	1
其他状态			×	×	×	1	1	1	1	1	1	1	1

注:1表示高电平 0表示低电平;×表示任意。

2) 74LS139

74LS139 是双2线-4线译码器。这两个译码器完全独立,分别有各自的数据输入端、译码状态输出端以及数据输入允许端,其引脚如图7-4所示,真值见表7-2(只给出其中一组)。

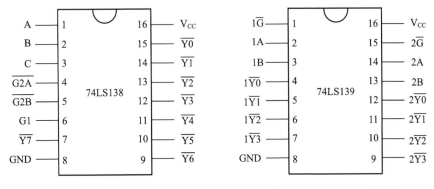

图7-3 74LS138 引脚图　　　　图7-4 74LS139 引脚图

表 7-2　74LS139 真值表（其中一组）

输入端			输出端			
允许	选择					
$\overline{G}$	B	A	$\overline{Y3}$	$\overline{Y2}$	$\overline{Y1}$	$\overline{Y0}$
0	0	0	1	1	1	0
0	0	1	1	1	0	1
0	1	0	1	0	1	1
0	1	1	0	1	1	1
1	×	×	1	1	1	1

注：1 表示高电平；0 表示低电平；× 表示任意。

以 74LS138 为例，描述如何进行地址分配。

例如，要扩 8 片 8KB 的 RAM 6264，如何通过 74LS138 把 64KB 空间分配给各个芯片？

由 74LS138 真值表可知，把 G1 接到 +5V，$\overline{G2A}$、$\overline{G2B}$ 接地，P2.7、P2.6、P2.5（高 3 位地址线）分别接 74LS138 的 C、B、A 端，由于对高 3 位地址译码，这样译码器有 8 个输出 $\overline{Y7} \sim \overline{Y0}$，分别接到 8 片 6264 的各"片选"端，实现 8 选 1 的片选。

低 13 位地址（P2.4 ~ P2.0，P0.7 ~ P0.0）完成对选中的 6264 芯片中的各个存储单元的"单元选择"。这样就把 64KB 存储器空间分成 8 个 8KB 空间了。

64KB 地址空间分配如图 7-5 所示。

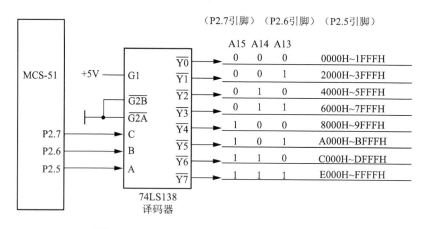

图 7-5　64KB 地址空间划分成 8 个 8KB 空间

这里采用全地址译码方式。因此，MCS-51 发出 16 位地址时，每次只能选中某一芯片及该芯片的一个存储单元。如何用 74LS138 把 64KB 空间全部划分为 4KB 的块呢？4KB 空间需 12 条地址线，而译码器输入只有 3 条地址线（P2.6 ~

P2.4），P2.7 没有参加译码，P2.7 发出的 0 或 1 决定选择 64KB 存储器空间的前 32KB 还是后 32KB。由于 P2.7 没有参加译码，就不是全译码方式，前后两个 32KB 空间就重叠了。那么，利用 74LS138 译码器，这 32KB 空间可划分为 8 个 4KB 空间。

如果把 P2.7 通过一个非门与 74LS138 译码器 G1 端连接起来，如图 7 - 6 所示，就不会发生两个 32KB 空间重叠的问题了。这时，选中的是 64KB 空间的前 32KB 空间，地址范围为 0000H ~ 7FFFH。如果去掉图 7 - 6 中的非门，地址范围为 8000H ~ FFFFH。把译码器的输出连到各个 4KB 存储器的片选端，这样就把 32KB 空间划分为 8 个 4KB 空间。P2.3 ~ P2.0，P0.7 ~ P0.0 实现"单元选择"，P2.6 ~ P2.4 通过 74LS138 译码实现对各存储器芯片的片选。

采用译码器划分的地址空间块都是相等的。如果需要将地址空间块划分为不等的块，可采用可编程逻辑器件 FPGA 对其编程来代替译码器进行非线性译码。

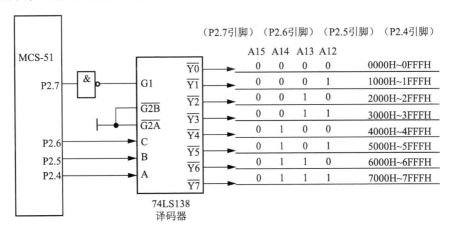

图 7 - 6 存储器空间被划分成每块 4KB

7.2.2 外部地址锁存器

受引脚数的限制，P0 口兼用数据线和低 8 位地址线。为了将它们分离出来，需在单片机外部增加地址锁存器。目前，常用的地址锁存器芯片有 74LS373、74LS573 等。

1. 锁存器 74LS373

锁存器 74LS373 是一种带三态门的 8D 锁存器，其引脚如图 7 - 7 所示，其内部结构如图 7 - 8 所示。MCS - 51 与 74LS373 锁存器的连接如图 7 - 9 所示。

锁存器 74LS373 的引脚说明如下：

（1） D7 ~ D0：8 位数据输入线。

（2） Q7 ~ Q0：8 位数据输出线。

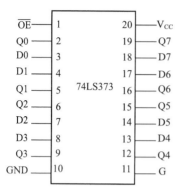

图7-7 锁存器74LS373引脚

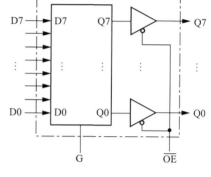

图7-8 锁存器74LS373的内部结构

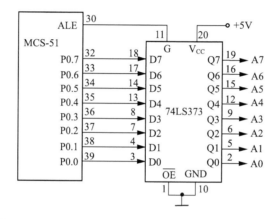

图7-9 MCS-51单片机P0口与锁存器74LS373的连接

(3) G:数据输入锁存选通信号。当加到该引脚的信号为高电平时,外部数据选通到内部锁存器,负跳变时,数据锁存到锁存器中。

(4) $\overline{OE}$:数据输出允许信号,低电平有效。当该信号为低电平时,三态门打开,锁存器中数据输出到数据输出线。当该信号为高电平时,输出线为高阻态。

锁存器74LS373功能如表7-3所示。

表7-3 锁存器74LS373功能表

$\overline{OE}$	G	D	Q
0	1	1	1
0	1	0	0
0	0	×	不变
1	×	×	高阻态

2. 锁存器 74LS573

锁存器 74LS573 也是一种带有三态门的 8D 锁存器，功能及内部结构与 74LS373 完全一样，只是其引脚排列与 74LS373 不同，图 7 – 10 为 74LS573 引脚图。

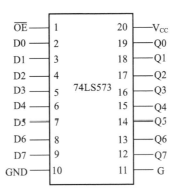

图 7 – 10　锁存器 74LS573 引脚

由图 7 – 10 可知，与 74LS373 相比，74LS573 的输入 D 端和输出 Q 端依次排列在芯片两侧，为绘制印制电路板提供了方便。

锁存器 74LS573 的引脚说明如下：

(1) D7 ~ D0：8 位数据输入线。

(2) Q7 ~ Q0：8 位数据输出线。

(3) G：数据输入锁存选通信号，该引脚与 74LS373 的 G 端功能相同。

(4) $\overline{OE}$：数据输出允许信号，低电平有效。当该信号为低电平时，三态门打开，锁存器中数据输出到数据输出线。当该信号为高电平时，输出线为高阻态。

7.3　存储器的扩展

7.3.1　程序存储器的扩展

程序存储器采用只读存储器，因为这种存储器在电源关断后，仍能保存程序（我们称此特性为非易失性），在系统上电后，CPU 可取出这些指令重新执行。

只读存储器简称 ROM（Read Only Memory）。ROM 中一旦写入信息，就不能随意更改，特别是不能在程序运行过程中写入新的内容，故称为只读存储器。

向 ROM 中写入信息称为 ROM 编程。根据编程方式不同，分为以下几种：

(1) 掩模 ROM。在制造过程中编程，是以掩模工艺实现的，因此称为掩模 ROM。这种芯片存储结构简单，集成度高，但由于掩模工艺成本较高，因此只适合于大批量生产。

（2）可编程 ROM（PROM）。芯片出厂时没有任何程序信息，用独立的编程器写入。但 PROM 只能写一次，写入内容后，就不能再修改。

（3）EPROM。用紫外线擦除，用电信号编程。在芯片外壳的中间位置有一个圆形窗口，对该窗口照射紫外线就可擦除原有的信息。使用编程器可将调试完毕的程序写入。

（4）E2PROM（EEPROM）。一种用电信号编程，也用电信号擦除的 ROM 芯片。对 E2PROM 的读写操作与 RAM 存储器几乎没有差别，只是写入的速度慢一些，但断电后仍能保存信息。

（5）Flash ROM。又称闪速存储器（简称闪存），是在 EPROM、E2PROM 的基础上发展起来的一种电擦除型只读存储器。特点是可快速在线修改其存储单元中的数据，改写次数可达 1 万次，其读写速度很快，存取时间可达 70ns，而成本比 E2PROM 低得多，大有取代 E2PROM 的趋势。

目前许多公司生产的 8051 内核的单片机，在芯片内部大多集成了数量不等的 Flash ROM。例如，美国 ATMEL 公司的产品 AT89C5x/AT89S5x，片内有不同容量的 Flash ROM。在片内的 Flash ROM 满足要求的情况下，扩展外部程序存储器可省去。

1. 常用的 EPROM 芯片

EPROM 的典型芯片是 27 系列产品，如 2764（8KB）、27128（16KB）、27256（32KB）、27512（64KB）。型号"27"后面的数字表示其位存储容量。如果换算成字节容量，只需将该数字除以 8 即可。例如，"27128"中的"27"后的数字"128"，128/8 = 16KB。

随着大规模集成电路技术的发展，大容量存储器芯片产量剧增，售价不断下降，性价比明显增高，且由于小容量芯片停止生产，使市场某些小容量芯片价格反而比大容量芯片还贵。所以，应尽量采用大容量芯片。

1）常用 EPROM 芯片引脚

27 系列 EPROM 芯片的引脚如图 7 - 11 所示。芯片引脚功能如下：

（1）A0 ~ A15：地址线引脚，其数目由芯片的存储容量决定，用于进行单元选择。

（2）D7 ~ D0：数据线引脚。

（3）$\overline{CE}$：片选控制端。

（4）$\overline{OE}$：输出允许控制端。

（5）PGM：编程时，编程脉冲的输入端。

（6）V_{PP}：编程时，编程电压（+12V 或 +25V）输入端。

（7）V_{CC}： +5V，芯片的工作电压。

(8) GND：数字地。
(9) NC：无用端。

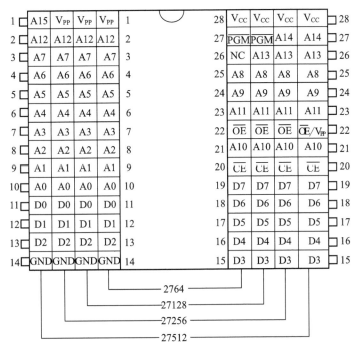

图 7-11 常用 EPROM 芯片引脚

表 7-4 为 27 系列 EPROM 芯片的技术参数，其中，V_{CC} 是芯片供电电压，V_{PP} 是编程电压，I_m 为最大静态电流，I_s 为维持电流，T_{RM} 为最大读出时间。

表 7-4 27 系列 EPROM 芯片的技术参数表

参数 型号	V_{CC}/V	V_{PP}/V	I_m/mA	I_s/mA	T_{RM}/ns	容量
TMS2732A	5	21	132	32	200~450	4KB×8
TMS2764	5	21	100	35	200~450	8KB×8
Intel2764A	5	12.5	60	20	200	8KB×8
Intel27C64	5	12.5	10	0.1	200	8KB×8
Intel27128A	5	12.5	100	40	150~200	16KB×8
SCM27C128	5	12.5	30	0.1	200	16KB×8
Intel27256	5	12.5	100	40	220	32KB×8
MBM27C256	5	12.5	8	0.1	250~300	32KB×8
Intel27512	5	12.5	125	40	250	64KB×8

2）EPROM 芯片的工作方式

（1）读出方式。工作在该方式的条件是使片选控制线$\overline{CE}$为低电平，同时让输出允许控制线$\overline{CE}$为低电平，V_{PP}为 +5V，就可把指定地址单元的内容从 D7 ~ D0 上读出。

（2）未选中方式。当片选控制线$\overline{CE}$为高电平时，芯片未选中方式，数据输出为高阻抗悬浮状态，不占用数据总线。EPROM 处于低功耗的维持状态。

（3）编程方式。在 V_{PP} 端加上规定好的高压，$\overline{CE}$和$\overline{OE}$端加上合适的电平（不同芯片要求不同），能将数据写入到指定地址单元。编程地址和编程数据分别由系统的 A15 ~ A0 和 D7 ~ D0 提供。

（4）编程校验方式。V_{PP}端保持相应的编程电压（高压），再按读出方式操作，读出固化好的内容，校验写入内容是否正确。

（5）编程禁止方式。

2. 程序存储器的操作时序

1）访问程序存储器的控制信号

AT89S51 单片机访问片外扩展的程序存储器时，所用的控制信号有以下 3 种：

（1）ALE：用于低 8 位地址锁存控制。

（2）$\overline{PSEN}$：片外程序存储器"读选通"控制信号。它接外扩 EPROM 的$\overline{OE}$引脚。

（3）$\overline{EA}$：片内、片外程序存储器访问的控制信号。当$\overline{EA}$ = 1，单片机发出的地址小于片内程序存储器最大地址时，访问片内程序存储器；当$\overline{EA}$ = 0 时，只访问片外程序存储器。

如果指令是从片外 EPROM 中读取的，除了 ALE 用于低 8 位地址锁存信号之外，控制信号还有$\overline{PSEN}$，接外扩 EPROM 的$\overline{OE}$脚。此外，P0 口分时用作低 8 位地址总线和数据总线，P2 口用作高 8 位地址线。

2）操作时序

AT89S51 对片外 ROM 的操作时序分两种：执行非 MOVX 指令的时序和执行 MOVX 指令的时序，如图 7 – 12 所示。

（1）应用系统中无片外 RAM。

系统无片外 RAM（或 I/O）时，不用执行 MOVX 指令。

在执行非 MOVX 指令时，时序如图 7 – 12（a）所示。P0 口作为地址/数据复用的双向总线，用于输入指令或输出程序存储器的低 8 位地址 PCL。P2 口专门用于输出程序存储器的高 8 位地址 PCH。P0 口分时复用，故首先要将 P0 口输出的低 8 位地址 PCL 锁存在锁存器中，然后 P0 口再作为数据口。在每个机器周期中，允许地址锁存两次有效，ALE 在下降沿时，将 P0 口的低 8 位地址 PCL 锁存在锁存器中。

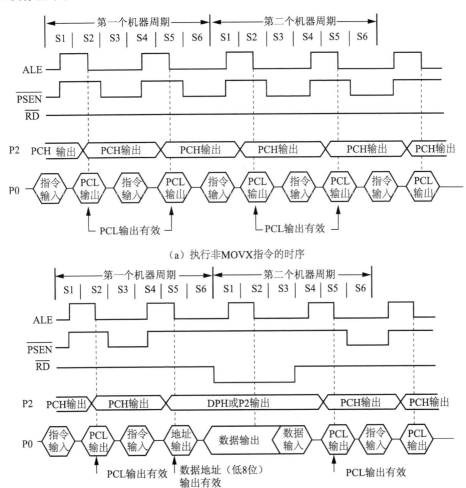

图 7-12 AT89S51 对片外 ROM 的操作时序

同时，$\overline{PSEN}$ 在每个机器周期中也是两次有效，用于选通片外程序存储器，将指令读入片内。系统无片外 RAM（或 I/O）时，此 ALE 信号以振荡器频率的 1/6 出现在引脚上，它可用作外部时钟或定时脉冲信号。

（2）应用系统中接有片外 RAM。

在执行访问片外 RAM（或 I/O）的 MOVX 指令时，16 位地址应转而指向数据存储器，时序如图 7-12（b）所示。

在指令输入以前，P2 口输出的地址 PCH、PCL 指向程序存储器；在指令输入并判定是 MOVX 指令后，ALE 在该机器周期 S5 状态锁存的是 P0 口发出的片外 RAM（或 I/O）低 8 位地址。

若执行的是"MOVX A,@DPTR"或"MOVX @DPTR,A"指令,则此地址就是DPL（数据指针低8位）。同时,在P2口上出现的是DPH（数据指针的高8位）。

若执行的是"MOVX A,@Ri"或"MOVX @Ri,A"指令,则Ri的内容为低8位地址,而P2口线上将是P2口锁存器的内容。在同一机器周期中将不再出现有效取指信号,下一个机器周期中ALE的有效锁存信号也不再出现;当$\overline{RD}/\overline{WR}$有效时,P0口将读/写数据存储器中的数据。

判定是MOVX指令后,ALE在该机器周期S5状态锁存的是P0口发出的片外RAM（或I/O）低8位地址。

若执行的是"MOVX A,@DPTR"或是"MOVX @DPTR,A"指令,则此地址就是DPL（数据指针低8位）；同时,在P2口上出现的是DPH（数据指针的高8位）。

若执行的是"MOVX A,@Ri"或"MOVX @Ri,A"指令,则Ri内容为低8位地址,而P2口线将是P2口锁存器内容。在同一机器周期中将不再出现有效取指信号,下一个机器周期中ALE的有效锁存信号也不再出现;而当$\overline{RD}/\overline{WR}$有效时,P0口将读/写数据存储器中的数据。

由图7-12（b）可以看出：①将ALE用作定时脉冲输出时,执行一次MOVX指令就会丢失一个ALE脉冲；②只有在执行MOVX指令时的第二个机器周期中,才对数据存储器（或I/O）读/写,地址总线才由数据存储器使用。

3. MCS-51单片机与EPROM的接口电路设计

以AT89S51为例,由于AT89S51单片机片内集成不同容量的Flash ROM,可根据实际需要来决定是否外部扩展EPROM。当应用程序不大于单片机片内的Flash ROM容量时,扩展外部程序存储器的工作可省略。

但作为扩展外部程序存储器的基本方法,还是应掌握。

1）MCS-51与单片EPROM的硬件接口电路

在设计接口电路时,由于外扩的EPROM在正常使用中只读不写,故EPROM芯片只有读出控制引脚,记为$\overline{OE}$,该引脚与AT89S51单片机相连,地址线、数据线分别与AT89S51单片机的地址线、数据线相连,片选端控制可采用线选法或译码法。

更大容量的27256、27512芯片与MCS-51的连接,差别只是连接的地址线数目不同。

由于2764与27128引脚的差别仅在26脚,2764的26脚是空脚,27128的26脚是地址线A13,因此在设计外扩存储器电路时,应选用27128芯片设计电路。在实际应用时,可将27128换成2764,系统仍能正常运行。

图7-13为MCS-51外扩16KB的EPROM 27128的电路。

由于只扩展一片EPROM,所以片选端直接接地,也可接到某一高位地址线上（A15 或 A14）进行线选，也可接某一地址译码器的输出端。

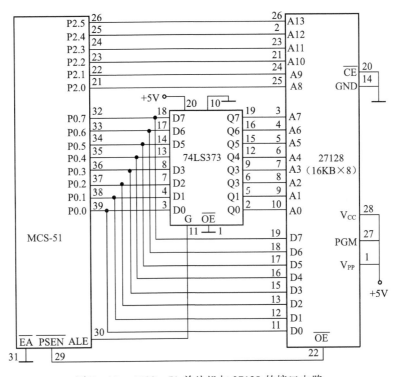

图 7-13　MCS-51 单片机与 27128 的接口电路

2）使用多片 EPROM 的扩展电路

图 7-14 所示为利用四片 27128 EPROM 扩展成 64KB 程序存储器。片选信号由译码器产生。四片 27128 各自所占的地址空间，读者自己分析。

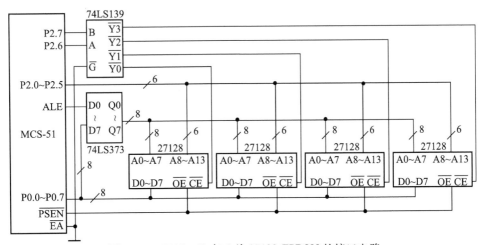

图 7-14　MCS-51 与 4 片 27128 EPROM 的接口电路

7.3.2 数据存储器的扩展

在单片机应用系统中,外部扩展的数据存储器都采用静态数据存储器(SRAM)。对外部扩展的数据存储器空间进行访问,P2 口提供高 8 位地址,P0 口分时提供低 8 位地址和 8 位双向数据总线。片外数据存储器 RAM 的读和写由 AT89S51 的 $\overline{RD}$(P3.7)和 $\overline{WR}$(P3.6)信号控制,而片外程序存储器 EPROM 的输出端允许 $\overline{OE}$ 由单片机的读选通 $\overline{PSEN}$ 信号控制。尽管其与 EPROM 的地址空间范围相同,但由于控制信号不同,不会发生总线冲突。

1. 常用的静态 RAM(SRAM)芯片

单片机系统中常用的 RAM 芯片的典型型号有 6116(2KB)、6264(8KB)、62128(16KB)、62256(32KB)。6116 为 24 脚封装,6264、62128、62256 为 28 脚封装。这些 RAM 芯片的引脚如图 7-15 所示。

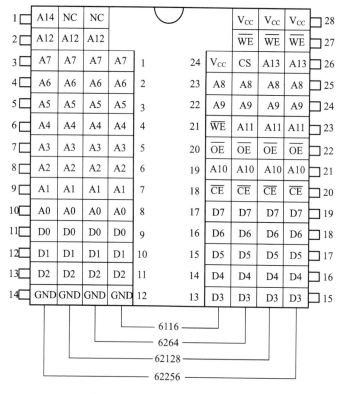

图 7-15 常用的 RAM 引脚图

各引脚功能如下:

A0 ~ A14:地址输入线。

D0 ~ D7:双向三态数据线。

$\overline{CE}$：片选信号输入线。对 6264 芯片，当 24 脚（CS）为高电平且$\overline{CE}$为低电平时才选中该片。

$\overline{OE}$：读选通信号输入线，低电平有效。

$\overline{WE}$：写允许信号输入线，低电平有效。

V_{CC}：工作电源 +5V。

GND：地。

RAM 存储器有读出、写入、维持三种工作方式，工作方式的控制见表 7-5。

表 7-5　6116、6224、62256 芯片的三种工作方式控制

信号 工作方式	$\overline{CE}$	$\overline{OE}$	$\overline{WE}$	D0~D7
读出	0	0	1	数据输出
写入	0	1	0	数据输入
维持*	1	×	×	高阻态

*对于 CMOS 的静态 RAM，$\overline{CE}$为高电平，电路处于降耗状态，此时 V_{CC} 电压可降至 3V 左右。

2. 外扩数据存储器的读写操作时序

对片外 RAM 读和写两种操作时序的基本过程相同。

1）读片外 RAM 操作时序

若外扩一片 RAM，应将$\overline{WR}$脚与 RAM 的$\overline{WE}$脚连接，$\overline{RD}$脚与芯片$\overline{OE}$脚连接。单片机读片外 RAM 操作时序如图 7-16 所示。

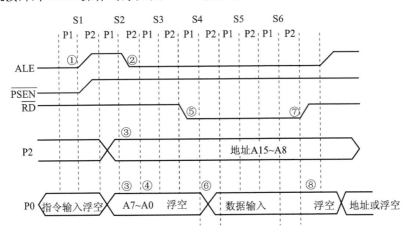

图 7-16　MCS-51 单片机读片外 RAM 操作时序图

在第一个机器周期的 S1 状态，ALE 信号由低变高（①处），读 RAM 周期开始。在 S2 状态，CPU 把低 8 位地址送到 P0 口总线上，把高 8 位地址送上 P2 口

（在执行"MOVX A，@DPTR"指令阶段才送高8位；若执行"MOVX A，@Ri"则不送高8位）。

ALE下降沿（②处）用来把低8位地址信息锁存到外部锁存器74LS3730内，而高8位地址信息一直锁存在P2口锁存器中（③处）。

在S3状态，P0口总线变成高阻悬浮状态④。在S4状态，执行指令"MOVX A，@DPTR"后使$\overline{RD}$信号变有效（⑤处），$\overline{RD}$信号使被寻址的片外RAM片刻后把数据送上P0口总线（⑥处）。当$\overline{RD}$回到高电平后（⑦处），P0总线变悬浮状态（⑧处）。

2）写片外RAM操作时序

向片外RAM写数据，单片机执行"MOVX @DPTR，A"指令。

指令执行后，AT89S51的$\overline{WR}$信号为低电平有效，此信号使RAM的$\overline{WE}$端被选通。

写片外RAM的时序如图7-17所示。开始的过程与读过程类似，但写的过程是CPU主动把数据送上P0口总线。因此，在时序上，CPU先向P0口总线上送完8位地址后，在S3状态就将数据送到P0口总线（③处）。此间，P0总线上不会出现高阻悬浮现象。

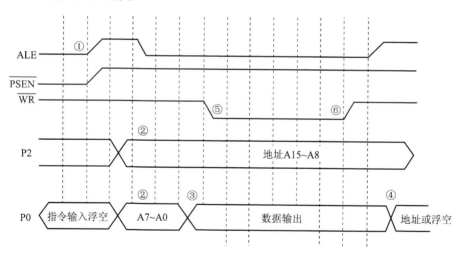

图7-17　MCS-51单片机写片外RAM操作时序图

用线选可扩展三片6264，用线选法扩展外部数据存储器的接口电路如图7-18所示，对应的存储器空间见表7-6。

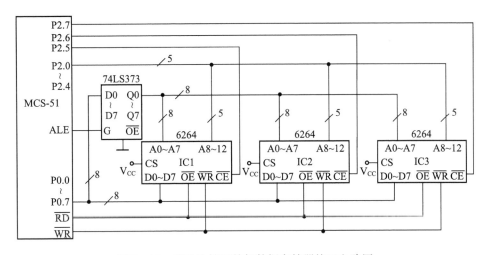

图 7-18 线选法扩展外部数据存储器接口电路图

表 7-6 三片 6264 芯片对应的存储空间表

P2.7	P2.6	P2.5	选中芯片	地址范围	存储容量
1	1	0	IC1	C00H ~ DFFFH	8KB
1	0	1	IC2	A00H ~ BFFFH	8KB
0	1	1	IC3	600H ~ 7FFFH	8KB

用译码法扩展外部数据存储器的接口电路如图 7-19 所示。数据存储器 62128 的芯片地址线为 A0 ~ A13，剩余地址线为两条。若采用 2 线 - 4 线译码器可扩展四片 62128，各片 62128 芯片地址分配如表 7-7 所示。

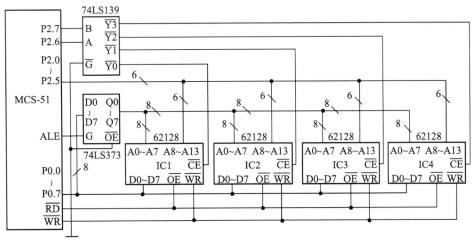

图 7-19 译码法扩展外部数据存储器接口电路图

表 7-7 各 62128 芯片的地址空间分配

2-4 译码器输入 P2.7 P2.6		2-4 译码器有效输出	选中芯片	地址范围	存储容量
0	0	$\overline{Y0}$	IC1	0000H ~ 3FFFH	16KB
0	1	$\overline{Y1}$	IC2	4000H ~ 7FFFH	16KB
1	0	$\overline{Y2}$	IC3	8000H ~ BFFFH	16KB
1	1	$\overline{Y3}$	IC4	C000H ~ FFFFH	16KB

7.3.3　程序存储器和数据存储器的综合扩展

在系统设计中，经常是既要扩展程序存储器，也要扩展数据存储器（RAM）或 I/O，即进行存储器的综合扩展。下面介绍如何进行综合扩展。

【例 7-1】　采用线选法扩展两片 8KB 的 RAM 和两片 8KB 的 EPROM。扩展两片 RAM 芯片选用两片 6264。扩展两片 EPROM 芯片，选用 2764。硬件接口电路如图 7-20 所示。

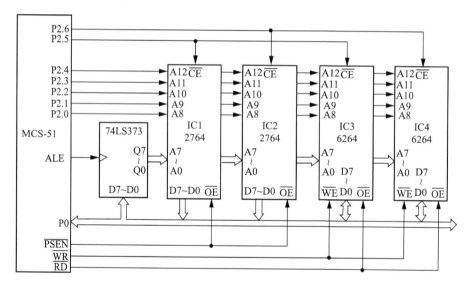

图 7-20　采用线选法的综合扩展电路图

1) 控制信号及片选信号

地址线 P2.5 直接接到 IC1（2764）和 IC3（6264）的片选端，P2.6 直接接到 IC2（2764）和 IC4（6264）的片选端。

当 P2.6 = 0，P2.5 = 1 时，IC2 和 IC4 的片选端为低电平，IC1 和 IC3 的片选端全为高电平。

当 P2.6 = 1，P2.5 = 0 时，IC1 和 IC3 的片选端都是低电平，每次同时选中两个芯片，具体对哪个芯片进行读/写操作还要通过$\overline{PSEN}$、$\overline{RD}$、$\overline{WR}$控制线来控制。

当$\overline{PSEN}$为低电平时，到片外程序存储区 EPROM 中读程序；当读/写信号$\overline{RD}$或$\overline{WR}$为低电平时，则对片外 RAM 读数据或写数据。$\overline{PSEN}$、$\overline{RD}$、$\overline{WR}$三个信号是在执行指令时产生的，任意时刻只能执行一条指令，所以只能有一个信号有效，不可能同时有效，所以不会发生数据冲突。

2）各芯片地址空间分配

硬件电路一旦确定，各芯片的地址范围实际上就已经确定，编程时只要给出所选择芯片的地址，就能对该芯片进行访问。结合图 7 - 20，介绍 IC1、IC2、IC3、IC4 芯片地址范围的确定方法。

存储器地址均用 16 位，P0 口确定低 8 位，P2 口确定高 8 位。

如果 P2.6 = 0、P2.5 = 1，则选中 IC2、IC4。地址线 A15 ~ A0 与 P2、P0 对应关系如下：

P2.7	P2.6	P2.5	P2.4	P2.3	P2.2	P2.1	P2.0	P0.7	P0.6	P0.5	P0.4	P0.3	P0.2	P0.1	P0.0
1	0	1	×	×	×	×	×	×	×	×	×	×	×	×	×

除 P2.6、P2.5 固定外，其他"×"位均可变。设无用位 P2.7 = 1，当"×"各位全为"0"时，则为最小地址 A000H；当"×"均为"1"时，则为最大地址 BFFFH。IC2、IC4 的地址空间为 A000H ~ BFFFH，共 8KB。同理，IC1、IC3 的地址范围为 C000H ~ DFFFH。四片存储器各自所占的地址空间如表 7 - 8 所示。即使地址空间重叠，也不会发生数据冲突。IC1 与 IC3 也同样如此。

表 7 - 8 四片存储器芯片地址空间分配

芯 片	地址范围
IC4	A000H ~ BFFFH
IC3	C000H ~ DFFFH
IC2	A000H ~ BFFFH
IC1	C000H ~ DFFFH

【例 7 - 2】 采用译码法扩展两片 8KB EPROM 和两片 8KB RAM。扩展 EPROM 选用 2764，扩展 RAM 选用 6264。

扩展接口电路如图 7 - 21 所示。图中，74LS139 的四个输出端$\overline{Y0}$ ~ $\overline{Y3}$分别连接四个芯片 IC1、IC2、IC3、IC4 的片选端。

74LS139 在对输入端译码时，$\overline{Y0}$ ~ $\overline{Y3}$每次只能有一位输出为"0"，其他三位全为"1"，输出为"0"的一端所连接的芯片被选中。

译码法地址分配，首先要根据译码芯片真值表确定译码芯片的输入状态，由此再判断其输出端选中芯片的地址。

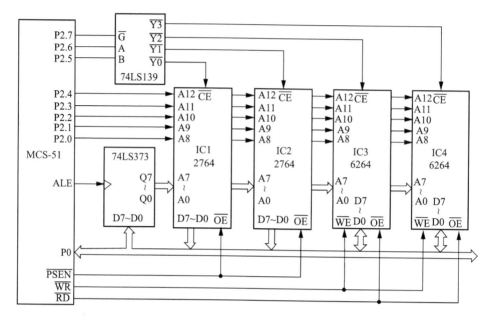

图 7-21 采用译码法的综合扩展电路图

图 7-21 中，74LS139 的输入端 A、B、$\overline{G}$ 分别接 P2 口的 P2.5、P2.6、P2.7 三端，为使能端，低电平有效。

由表 7-2 中 74LS139 的真值表可见，当 $\overline{G}=0$、A=0、B=0 时，输出端只有 $\overline{Y0}$ 为 "0"，$\overline{Y1}\sim\overline{Y3}$ 全为 "1"，选中 IC1。这样，P2.7、P2.6、P2.5 全为 0，P2.4~P2.0 与 P0.7~P0.0 这 13 条地址线的任意状态都能选中 IC1 的某一单元。

当 13 条地址线全为 "0" 时，为最小地址 0000H；

当 13 条地址线全为 "1" 时，为最大地址 1FFFH。

所以，IC1 的地址范围为 0000H~1FFFH。同理，可确定电路中各个存储器地址范围，见表 7-9。

表 7-9 四片存储器芯片地址空间分配

芯 片	地址范围
IC4	6000H~7FFFH
IC3	4000H~5FFFH
IC2	2000H~3FFFH
IC1	0000H~1FFFH

7.4 输入/输出及其控制方式

7.4.1 输入/输出接口的功能

CPU 与输入/输出 I/O 设备间的数据传送,实质上是 CPU 与 I/O 接口间的数据传送。单片机与 I/O 设备的关系如图 7-22 所示。

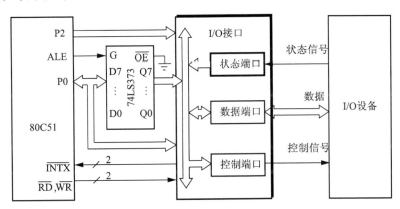

图 7-22 单片机与 I/O 设备的关系

I/O 接口电路中能被 CPU 直接访问的寄存器称为 I/O 端口。一个 I/O 接口芯片可以包含几个 I/O 端口,如数据端口、控制端口、状态端口等。

扩展的 I/O 接口电路主要应满足以下功能要求:

(1) 实现和不同外设的速度匹配。

大多数外设的速度很慢,无法和 μs 量级的单片机速度相比。单片机在与外设间进行数据传送时,只有在确认外设已为数据传送做好准备的前提下才能进行数据传送。外设是否准备好,就需要 I/O 接口电路与外设之间传送状态信息,以实现单片机与外设之间的速度匹配。

(2) 输出数据锁存。

与外设比,单片机的工作速度快,数据在数据总线上保留的时间十分短暂,无法满足慢速外设的数据接收。所以,在扩展的 I/O 接口电路中应有输出数据锁存器,以保证输出数据能被慢速的接收设备所接收。

(3) 输入数据三态缓冲。

数据总线上可能"挂"有多个数据源,为使传送数据时不发生冲突,只允许当前正在接收数据的 I/O 接口使用数据总线,其余的 I/O 接口应处于隔离状态。为此,要求 I/O 接口电路能为数据输入提供三态缓冲功能。

7.4.2 输入/输出端口的编址

介绍 I/O 端口编址之前,首先要弄清楚 I/O 接口和 I/O 端口的概念。I/O 接口是单片机与外设间的连接电路的总称。

I/O 端口(简称 I/O 口)是指 I/O 接口电路中具有单元地址的寄存器或缓冲器。一个 I/O 接口芯片可以有多个 I/O 端口,如数据口、命令口、状态口。当然,并不是所有的外设都一定需要三种端口齐全的 I/O 接口。

每个 I/O 接口中的端口都要有地址,以便 MCS-51 通过读写端口和外设交换信息。常用的 I/O 端口编址有两种方式:独立编址方式与统一编址方式。

1)独立编址

I/O 端口地址空间和存储器地址空间分开编址。优点是 I/O 地址空间和存储器地址空间相互独立,界限分明,但需要设置一套专门的读写 I/O 端口的指令和控制信号。

2)统一编址

把 I/O 端口与数据存储器单元同等对待。I/O 端口和外部数据存储器 RAM 统一编址。因此,外部数据存储器空间也包括 I/O 端口在内。优点是不需专门的 I/O 指令;缺点是需要把数据存储器单元地址与 I/O 端口的地址划分清楚,避免数据冲突。

7.4.3 单片机与 I/O 设备的数据传输方式

为了实现和不同外设的速度相匹配,必须根据不同外设选择恰当的 I/O 数据传送方式。I/O 数据传送方式有:同步传送、异步传送和中断传送。

1)同步传送

同步传送又称无条件传送。当外设速度和单片机的速度相比拟时,常采用同步传送方式,典型的同步传送是单片机和外部数据存储器之间的数据传送。

2)查询传送

查询传送又称有条件传送(也称异步式传送)。查询外设"准备好"后,再进行数据传送。优点是通用性好,硬件连线和查询程序简单,但工作效率不高。

3)中断传送

为了提高单片机对外设的工作效率,通常采用中断传送方式,来实现 I/O 数据的传送。单片机只有在外设准备好后,才中断主程序的执行,从而进入与外设数据传送的中断服务子程序,进行数据传送。中断服务完成后又返回主程序断点处继续执行。采用中断方式可大大提高工作效率。

7.4.4 单片机扩展 TTL 芯片的输入/输出

在单片机应用中,有些场合需要降低成本、缩小体积,这时采用 TTL 电路、

CMOS 电路锁存器或三态门电路也可构成各种类型的简单输入/输出口。

图 7-23 为一个利用 74LS244 和 74LS273 芯片，将 P0 口扩展成简单的输入/输出口的电路。74LS244 和 74LS273 的工作受 MCS-51 的 P2.0、$\overline{RD}$、$\overline{WR}$ 三条控制线控制。74LS244 作为扩展输入口，八个输入端分别接八个按钮开关。74LS273 是 8D 锁存器扩展输出口，接八个 LED 发光二极管，以显示八个按钮开关状态。

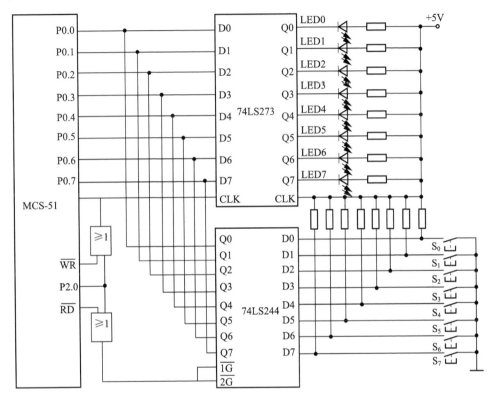

图 7-23 用 TTL 芯片扩展并行 I/O 口

当某条输入口线的按钮开关按下时，该输入口线为低电平，读入单片机后，其相应位为"0"，然后再将口线的状态经 74LS273 输出，某位为低电平时二极管发光，从而显示出按下的按钮开关的位置。

该电路的工作原理如下：

当 P2.0=0，$\overline{RD}$=0（$\overline{WR}$=1）时，选中 74LS244 芯片，此时若无按钮开关按下，输入全为高电平。当某开关按下时则对应位输入为"0"，74LS244 的输入端不全为"1"，其输入状态通过 P0 口数据线被读入 AT89S51 片内。

当 P2.0=0，$\overline{WR}$=1（$\overline{RD}$=0）时，选中 74LS273 芯片，CPU 通过 P0 口输出数据锁存到 74LS273，74LS273 的输出端低电平位对应的 LED 发光二极管

点亮。

总之，在图 7-23 中只要保证 P2.0 为"0"，其他地址位或"0"或"1"即可。例如，地址用 FEFFH（无效位全为"1"）或用 0000H（无效位全为"0"）都可。

输入程序段：

```
MOV    DPTR, #0FEFFH        ; I/O 地址→DPTR
MOVX   A, @DPTR             ; 为低，74LS244 数据被读入 A 中
```

输出程序段：

```
MOV    A, #data             ; 数据#data→A
MOV    DPTR, #0FEFFH        ; I/O 地址#0FEFFH→DPTR
MOVX   @DPTR, A             ; 为低，数据经 74LS273 口输出
```

【例 7-3】 编写程序把按钮开关状态通过图 7-23 的发光二极管显示出来。程序如下：

```
DDIS: MOV    DPTR, #0FEFFH   ; 输入口地址→DPTR
LP:   MOVX   A, @DPTR        ; 按钮开关状态读入 A 中
      MOVX   @DPTR, A        ; A 中数据送显示输出口
      SJMP   LP              ; 反复连续执行
```

由程序可看出，对于扩展接口的输入/输出就像从外部 RAM 读/写数据一样方便。图 7-23 仅仅扩展了两片，如果仍不够用，还可扩展多片 74LS244、74LS273 之类的芯片。但作为输入口时，一定要求有三态功能，否则将影响总线的正常工作。

7.5 82C55 接口芯片及其应用

7.5.1 82C55 芯片简介

1. 82C55 引脚

82C55 芯片共 40 个引脚，如图 7-24 所示，引脚功能如下：

D7~D0：三态双向数据线，与单片机的 P0 口连接，用来与单片机之间传送数据信息。

$\overline{CS}$：片选信号线，低有效，表示本芯片被选中。

$\overline{RD}$：读信号线，低有效，读 82C55 端口数据的控制信号。

$\overline{WR}$：写信号线，低电平有效，用来向82C55写入端口数据的控制信号。

V_{CC}：+5V电源。

PA7~PA0：端口A输入/输出线。

PB7~PB0：端口B输入/输出线。

PC7~PC0：端口C输入/输出线。

A1、A0：地址线，用来选择82C55内部的四个端口。

RESET：复位引脚，高电平有效。

2. 内部结构

如图7-25所示，82C55有三个并行数据输入/输出端口，两种工作方式的控制电路，一个读/写控制逻辑电路和一个8位数据总线缓冲器。各部件的功能如下：

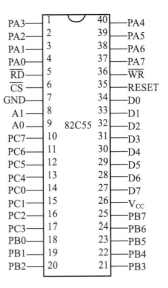

图7-24 82C55的引脚图

1) 端口PA、PB、PC

三个8位并行口PA、PB和PC都可以选为输入/输出工作模式，但功能和结构上有差异，具体说明如下：

PA口：一个8位数据输出锁存器和缓冲器；一个8位数据输入锁存器。

PB口：一个8位数据输出锁存器和缓冲器；一个8位数据输入缓冲器。

PC口：一个8位数据输出锁存器；一个8位数据输入缓冲器。

通常PA口、PB口作为输入/输出口，PC口既可作为输入/输出口，也可在软件控制下，分为两个4位的端口，作为端口PA、PB选通方式操作时的状态控制信号。

2) A组和B组控制电路

A组和B组控制电路是两组根据AMCS-51写入的"命令字"控制82C55工作方式的控制电路。A组控制PA口和PC口的上半部（PC7~PC4）；B组控制PB口和PC口的下半部（PC3~PC0），并可用"命令字"来对端口PC的每一位实现按位置"1"或清零。

3) 数据总线缓冲器

数据总线缓冲器是一个三态双向8位缓冲器，作为82C55与系统总线之间的接口，用来传送数据、指令、控制命令以及外部状态信息。

4) 读/写控制逻辑电路

读/写控制逻辑电路接收MCS-51单片机发来的控制信号$\overline{RD}$、$\overline{WR}$、RESET、地址信号A1、A0等，然后根据控制信号的要求，端口数据被MCS-51单片机读出，或者将MCS-51单片机送来的数据写入端口。

各端口工作状态与控制信号的关系见表 7-10。

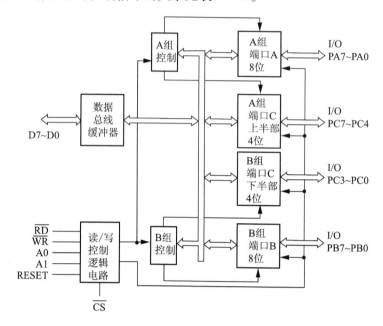

图 7-25　82C55 的逻辑结构

表 7-10　82C55 端口工作状态选择表

A1	A2	$\overline{RD}$	$\overline{WR}$	$\overline{CS}$	工作状态
0	0	0	1	0	A 口数据→数据总线（读端口 A）
0	1	0	1	0	B 口数据→数据总线（读端口 B）
1	0	0	1	0	C 口数据→数据总线（读端口 C）
0	0	1	0	0	总线数据→A 口（写端口 A）
0	1	1	0	0	总线数据→B 口（写端口 B）
1	0	1	0	0	总线数据→C 口（写端口 C）
1	1	1	0	0	总线数据→控制字寄存器（写控制字）
×	×	×	×	1	数据总线为三态
1	1	0	1	0	非法状态
×	×	1	1	0	数据总线为三态

7.5.2　工作方式选择控制字及端口 PC 置位/复位控制字

可向 82C55 控制寄存器写入两种不同的控制字。

1. 工作方式选择控制字

82C55 有三种基本工作方式：

(1) 方式0：基本输入/输出。
(2) 方式1：选通输入/输出。
(3) 方式2：双向传送（仅PA口有此工作方式）。

三种工作方式由控制字来决定。格式如图7-26所示，最高位D7=1，为本方式控制字的标志，以便与另一控制字相区别（最高位D7=0）。

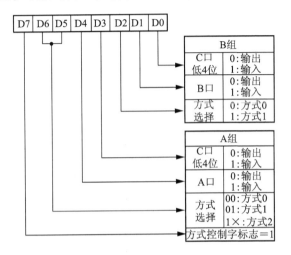

图7-26　82C55的方式控制字格式

PC口分两部分：随PA口称为A组，随PB口称为B组。其中，PA口可工作于方式0、1和2，而PB口只能工作在方式0和1。

【例7-4】　MCS-51向82C55的控制字寄存器写入工作方式控制字95H，根据图7-26，将82C55编程设置为：PA口方式0输入，PB口方式1输出，PC口的上半部分（PC7~PC4）输出，PC口的下半部分（PC3~PC0）输入。

```
MOV    DPTR,#××××H     ;控制字寄存器端口地址××××H
                        送DPTR
MOV    A,#95H           ;方式控制字83H送A
MOVX   @DPTR,A          ;控制字83H送控制字寄存器
```

2. PC口置位/复位控制字

PC口置位/复位控制字为另一控制字。PC口中任何一位，可用一个写入82C55控制口的置位/复位控制字来对PC口按位置"1"或清零，用于位控，格式如图7-27所示。

【例7-5】MCS-51向82C55的控制字寄存器写入工作方式控制字07H，则PC3置1；08H写入控制口，则PC4清零。程序段如下：

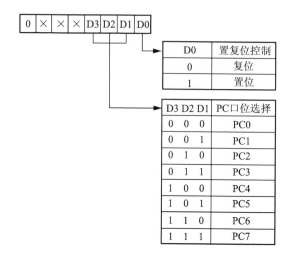

图 7-27 PC 口按位置位/复位控制字格式

```
MOV     DPTR,#××××H      ;控制寄存器端口地址××××H送DPTR
MOV     A,#07H           ;方式控制字83H送A
MOVX    @DPTR,A          ;控制字83H送控制寄存器,把PC3置1
……
MOV     DPTR,#××××H      ;控制字寄存器端口地址送DPTR
MOV     A,#08H           ;方式控制字08H送A
MOVX    @DPTR,A          ;08H送控制字寄存器,PC4清零
```

7.5.3 82C55 的三种工作方式

1. 方式 0

方式 0 是基本输入/输出方式。MCS-51 可对 82C55 进行 I/O 数据的无条件传送。

例如,MCS-51 单片机从 82C55 的某一输入口读入一组开关状态,从 82C55 输出数据控制一组指示灯的亮、灭。并不需要任何条件,外设 I/O 数据可在 82C55 的各端口得到锁存和缓冲。因此,方式 0 称为基本输入/输出方式。

方式 0 下,三个端口都可以由软件设置为输入或输出,不需要应答联络信号。方式 0 的基本功能如下:

(1) 具有两个 8 位端口(PA、PB)和两个 4 位端口(PC 的上半部分和下半部分)。

(2) 任何端口都可以设定为输入或输出,各端口的输入、输出共有 16 种组合。

PA 口、PB 口和 PC 口均可设定为方式 0,并可根据需要,向控制寄存器写入工作方式控制字,规定各端口为输入或输出方式。

【例 7-6】 假设 82C55 的控制字寄存器端口地址为 FF7FH,令 PA 口和 PC 口

的高 4 位为方式 0 输出,PB 口和 PC 口的低 4 位为方式 0 输入,初始化程序如下:

```
MOV     DPTR,#0FF7FH        ;端口地址#0FF7F 送 DPTR
MOV     A,#83H              ;方式控制字 83H 送 A
MOVX    @DPTR,A             ;控制字 83H 送控制字寄存器
```

2. 方式 1

方式 1 是一种采用应答联络的输入/输出工作方式。PA 口、PB 口皆可设成这种工作方式。

在方式 1 下,82C55 的 PA 口和 PB 口通常用于 I/O 数据的传送,PC 口用作 PA 口和 PB 口的应答联络信号线,以实现采用中断方式来传送 I/O 数据。PC 口的 PC7~PC0 的应答联络线是规定好的,其各位分配如图 7-28 和图 7-29 所示。图中,标有 I/O 的各位仍可用作基本输入/输出,不作应答联络用。

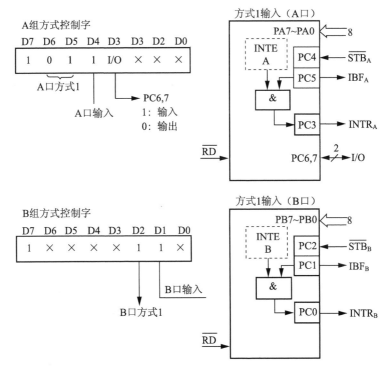

图 7-28 方式 1 输入应答联络信号

下介绍方式 1 输入/输出时的应答联络信号与工作原理。

1) 方式 1 输入

方式 1 输入应答联络信号如图 7-28 所示。其中 $\overline{STB}$ 与 IBF 为一对应答联络

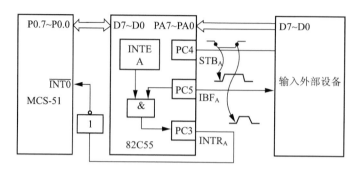

图 7-29　PA 口方式 1 输入工作过程示意图

信号。各应答联络信号的功能如下：

（1）$\overline{STB}$：由输入外设发给 82C55 的选通输入信号，低有效。

（2）IBF：输入缓冲器满，应答信号。82C55 通知外设已收到外设发来的且已进入输入缓冲器的数据，高有效。

（3）INTR：由 82C55 向 AT89S51 单片机发出的中断请求信号，高有效。

（4）INTEA：控制 PA 口是否允许中断的控制信号，由 PC4 的置位/复位来控制。

（5）INTEB：控制 PB 口是否允许中断的控制信号，由 PC2 的置位/复位来控制。

下面以 PA 口的方式 1 输入为例，介绍方式 1 输入的工作过程，如图 7-29 所示。

（1）当外设向 82C55 输入一个数据并送到 PA7～PA0 时，外设自动在 $\overline{STB}$ 上向 82C55 发送一个低电平选通信号。

（2）82C55 收到 $\overline{STB}$ 后，先把 PA7～PA0 输入的数据存入 PA 口的输入数据缓冲/锁存器，然后使输出应答线 IBF 变为高，通知输入外设，PA 口已收到它送来的数据。

（3）82C55 检测到 $\overline{STB}$ 由低电平变为高电平，IBFA（PC5）为"1"状态和中断允许 INTEA（PC4）=1 时，使 INTRA（PC3）变为高电平，向单片机发出中断请求。INTEA 的状态可由用户通过指令对 PC4 的单一置位/复位控制字来控制。

（4）单片机响应中断后，进入中断服务子程序来读取 PA 口的外设发来的输入数据。当输入数据被单片机读走后，82C55 撤销 INTRA 上的中断请求，并使 IBFA 变低，通知输入外设传送下一个输入数据。

2）方式 1 输出

方式 1 输出时，应答联络信号如图 7-30 所示。$\overline{OBF}$ 与 $\overline{ACK}$ 构成一对应答联络信号，应答联络信号功能如下：

（1） $\overline{OBF}$：端口输出缓冲器满的信号，低有效，它是82C55发给外设的联络信号，表示外设可以将数据取走。

（2） $\overline{ACK}$：外设应答信号，低有效。表示外设已把82C55发出的数据取走。

（3） INTR：中断请求信号，高有效。表示该数据已被外设取走，向单片机发出中断请求，如果AT89S51响应该中断，在中断服务子程序中向82C55写入要输出的下一数据。

（4） INTEA：控制PA口是否允许中断，由PC6控制。

（5） INTEB：控制PB口是否允许中断，由PC2控制。

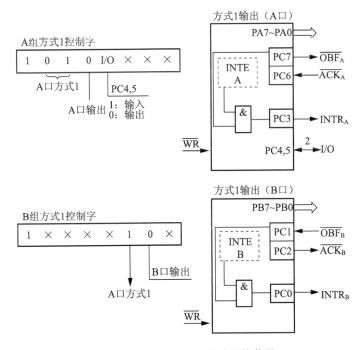

图7-30 方式1输出应答联络信号

方式1输出工作示意如图7-31所示。下面以PB口的方式1输出为例，介绍工作过程。

（1） MCS-51可以通过"MOVX @Ri，A"指令把输出数据送到B口的输出数据锁存器，82C55收到后便令输出缓冲器满引脚$\overline{OBF}$（PC1）变低，以通知输出设备输出的数据已在PB口的PB7~PB0上。

（2） 输出外设收到$\overline{OBF}$上低电平后，先从PB7~PB0上取走输出数据，然后使$\overline{ACKB}$变低电平，以通知82C55输出外设已收到82C55输出的数据。

（3） 82C55从应答输入线$\overline{ACKB}$收到低电平后就对$\overline{OBFB}$和中断允许控制位INTEB状态进行检测。若皆为高电平，则INTRB变为高电平而向单片机请求中断。

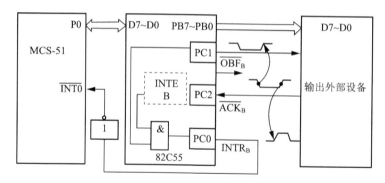

图 7-31　PB 口方式 1 输出工作过程示意图

（4）MCS-51 单片机响应 INTRB 上的中断请求后便可通过中断服务程序把下一个输出数据送到 PB 口的输出数据锁存器。重复上述过程，完成数据的输出。

3. 方式 2

只有 PA 口才有方式 2。图 7-32 为 PA 口在方式 2 下的工作示意图。方式 2 是方式 1 输入和输出的组合。PA7～PA0 为双向 I/O 总线。当作为输入口使用时，PA7～PA0 受 STBA 和 IBFA 控制；当作输出端口使用时，PA7～PA0 受 $\overline{OBF_A}$、$\overline{ACK_A}$ 控制。

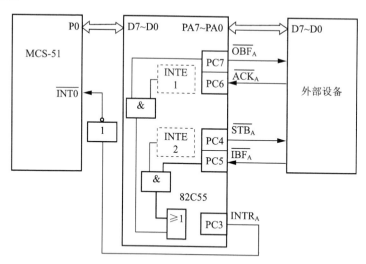

图 7-32　PA 口在方式 2 下的工作示意图

方式 2 特别适用于键盘、显示器一类的外部设备，因为有时需要把键盘上输入的编码信号通过 PA 口送给单片机，有时又需把单片机发出的数据通过 PA 口送给显示器显示。

7.5.4 MCS - 51 单片机与 82C55 的接口设计

1. 硬件接口电路

图 7 - 33 为 MCS - 51 扩展一片 82C55 的电路。P0.1、P0.0 经 74LS373 与 82C55 的 A1、A0 连接；P0.7 经 74LS373 与片选端 $\overline{CS}$ 相连，其他地址线悬空；82C55 的控制线 $\overline{RD}$、$\overline{WR}$ 直接与单片机 $\overline{RD}$ 和 $\overline{WR}$ 端相连；单片机数据总线 P0.0 ~ P0.7 与 82C55 数据线 D0 ~ D7 连接。

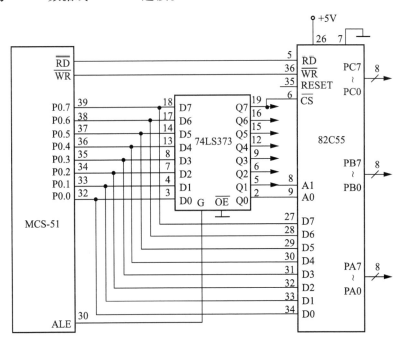

图 7 - 33 MCS - 51 单片机扩展一片 82C55 的接口电路

2. 确定 82C55 端口地址

图 7 - 33 中 82C55 只有三条线与 AT89S51 地址线相接，片选端 $\overline{CS}$、端口地址选择端 A1、A0，分别接 P0.7、P0.1 和 P0.0，其他地址线全悬空。显然只要保证 P0.7 为低电平时，即可选中 82C55；若 P0.1P0.0 再为"00"，则选中 82C55 的 PA 口。同理，P0.1P0.0 为"01"、"10"、"11"分别选中 PB 口、PC 口及控制口。

若端口地址用 16 位表示，其他无用端全设为"1"（也可把无用端全设为"0"），则 82C55 的 A、B、C 及控制口地址分别为 FF7CH、FF7DH、FF7EH、FF7FH。

如果没有用到的位取"0"，则四个端口地址分别为 0000H、0001H、0002H、

0003H，只要保证 A1、A0 的状态，无用位设为"0"或"1"均可。

3. 软件编程

在实际设计中，需根据外设的类型选择 82C55 的操作方式，并在初始化程序中把相应控制字写入控制口。下面根据图 7-33，介绍对 82C55 进行操作的编程。

【例 7-7】 要求 82C55 工作在方式 0，且 PA 口作为输入，PB 口、PC 口作为输出，程序如下：

```
MOV    A, #90H              ; 控制字送 A
MOV    DPTR, #0FF7FH        ; 控制寄存器地址 FF7FH→DPTR
MOVX   @DPTR, A             ; 方式控制字→控制寄存器
MOV    DPTR, #0FF7CH        ; PA 口地址 FF7CH→DPTR
MOVX   A, @DPTR             ; 从 PA 口读入数据→A
MOV    DPTR, #0FF7DH        ; PB 口地址 FF7DH→DPTR
MOV    A, #data1            ; 要输出的数据#data1→A
MOVX   @DPTR, A             ; 将#data1 送 PB 口输出
MOV    DPTR, #0FF7EH        ; PC 口地址→DPTR
MOV    A, #data2            ; 数据#data2→A
MOVX   @DPTR, A             ; 将数据#data2 送 PC 口输出
```

【例 7-8】 对端口 PC 的置位/复位。

PC 口中的任意一位均可用指令来置位或复位。例如，如果想把 PC 口的 PC5 置"1"，相应的控制字为 00001011B = 0BH（关于 82C55 的 PC 口置位/复位的控制字说明见图 7-27），程序如下：

```
MOV    R1, #7FH             ; 控制口地址 7FH→R1
MOV    A, #0BH              ; 控制字 0BH→A
MOVX   @R1, A               ; 控制字 7FH→控制口，把 PC5 置 1
```

如果想把 PC 口的 PC5 复位，相应的控制字 0AH，程序如下：

```
MOV    R1, #7FH             ; 控制口地址 7FH→R1
MOV    A, #0AH              ; 控制字 0AH→A
MOVX   @R1, A               ; 控制字 7FH→控制口，PC5 清零
```

82C55 接口芯片在 AT89S51 单片机应用系统中广泛用于与各种外部数字设备的连接，如打印机、键盘、显示器以及作为数字信息的输入、输出接口。

7.6 I²C 总线接口及其扩展

7.6.1 I²C 总线基础

I²C 总线是 PHILIPS 公司推出的使用广泛、很有发展前途的芯片间串行扩展总线。只有两条信号线：一是数据线 SDA，另一是时钟线 SCL。两条线均为双向，所有连到 I²C 上器件的数据线都接到 SDA 线上，各器件时钟线均接到 SCL 线上。I²C 系统基本结构如图 7-34 所示。I²C 总线单片机（如 PHILIPS 公司的 8xC552）直接与 I²C 接口的各种扩展器件（如存储器、I/O 芯片、A/D、D/A、键盘、显示器、日历/时钟）连接。

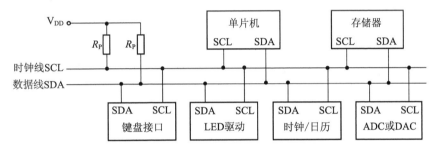

图 7-34 I²C 串行总线系统的基本结构

由于 I²C 总线的寻址采用纯软件的寻址方法，无需片选线的连接，这样就大大简化了总线数量。

I²C 的运行由主器件（主机）控制。主器件是指启动数据的发送（发出起始信号）、发出时钟信号、传送结束时发出终止信号的器件，通常由单片机来担当。

从器件（从机）可以是存储器、LED 或 LCD 驱动器、A/D 或 D/A 转换器、时钟/日历器件等，从器件必须带有 I²C 串行总线接口。

当 I²C 总线空闲时，SDA 和 SCL 两条线均为高电平。由于连接到总线上器件（节点）输出级必须是漏极或集电极开路，只要有一个器件在任意时刻输出低电平，都将使总线上的信号变低，即各器件的 SDA 及 SCL 都是"线与"关系。

由于各器件输出端为漏级开路，故必须通过上拉电阻接正电源（见图 7-34 中的两个电阻），以保证 SDA 和 SCL 在空闲时被上拉为高电平。

SCL 线上的时钟信号对 SDA 线上的各器件间的数据传输起同步控制作用。SDA 线上的数据起始、终止及数据的有效性均要根据 SDA 线上的时钟信号来判断。

在标准 I²C 模式，数据的传输速率为 100Kbit/s，高速模式下可达 400Kbit/s。

总线上扩展的器件数量不是由电流负载决定的，而是由电容负载决定的。I²C

总线上每个节点器件的接口都有一定的等效电容,连接的器件越多,电容值越大,这会造成信号传输的延迟。总线上允许的器件数以器件的电容量不超过400pF(通过驱动扩展可达4000pF)为宜,据此可计算出总线长度及连接器件的数量。

每个连到I^2C总线上的器件都有一个唯一的地址,扩展器件时也要受器件地址数目的限制。

I^2C系统允许多主器件,究竟哪一主器件控制总线要通过总线仲裁来决定,如何仲裁,可查阅I^2C仲裁协议。但在实际应用中,经常遇到的是以单一单片机为主机,其他外围接口器件为从机的情况。

1. I^2C总线的数据传送

1)数据位的有效性规定

I^2C总线在进行数据传送时,每一数据位的传送都与时钟脉冲相对应。时钟脉冲为高电平期间,数据线上的数据必须保持稳定;只有在时钟线为低电平期间,数据线上的电平状态才允许变化。数据位的有效性规定如图7-35所示。

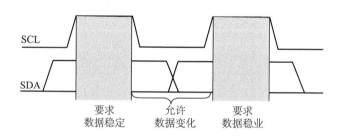

图7-35 数据位的有效性规定

2)起始和终止信号

据I^2C总线协议,总线上数据信号传送由起始信号(S)开始,由终止信号(P)结束。

起始信号和终止信号都由主机发出,在起始信号产生后,总线就处于占用状态;在终止信号产生后,总线就处于空闲状态。下面结合图7-36介绍起始信号和终止信号规定。

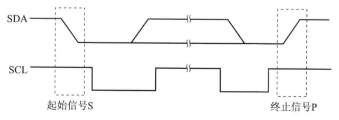

图7-36 起始信号和终止信号

(1) 起始信号 (S)。在 SCL 线为高期间,SDA 线由高向低的变化表示起始信号。只有在起始信号以后,其他命令才有效。

(2) 终止信号 (P)。在 SCL 线为高期间,SDA 线由低向高的变化表示终止信号。随着终止信号出现,所有外部操作都结束。

2. I^2C 总线上数据传送的应答

I^2C 数据传送时,传送的字节数(数据帧)没有限制,但每一个字节必须为 8 位长度。数据传送,先传最高位(MSB),每一个被传送字节后都须跟随一位应答位(即一帧共有 9 位),如图 7-37 所示。

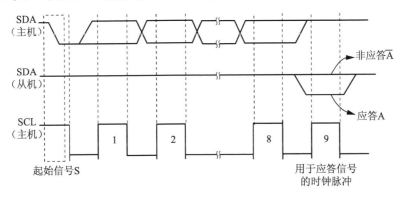

图 7-37 I^2C 总线上的应答信号

I^2C 总线在传送每一字节数据后都需有应答信号 A,在第 9 个时钟位上出现,与应答信号对应的时钟信号由主机产生。这时,发方需在这一时钟位上使 SDA 线处于高电平状态,以便收方在这一位上送出低电平应答信号 A。

由于某种原因,接收方不对主机寻址信号应答,如接收方正在进行其他处理而无法接收总线上的数据,必须释放总线,将数据线置为高电平,而由主机产生一个终止信号以结束总线的数据传送。

当主机接收来自从机的数据时,接收到最后一个数据字节后,必须给从机发送一个非应答信号 ($\overline{A}$),使从机释放数据总线,以便主机发送一个终止信号,从而结束数据的传送。

3. I^2C 总线上的数据帧格式

I^2C 送的信号既包括真正的数据信号,也包括地址信号。

I^2C 总线规定,在起始信号后必须传送一个从机的地址(7 位),第 8 位是数据传送的方向位 (R/$\overline{W}$),"0" 表示主机发送数据 ($\overline{W}$),"1" 表示主机接收数据 (R)。

每次数据传送总是由主机产生的终止信号结束。但是,若主机希望继续占用总线进行新的数据传送,则可不产生终止信号,马上再次发出起始信号对另一从机进行寻址。因此，在总线一次数据传送过程中，可以有以下几种组合方式：

（1）主机向从机发送 n 个字节的数据，数据传送方向在整个传送过程中不变，传送格式如下：

S	从机地址	0	A	字节1	A	……	字节（$n-1$）	A	字节n	A/$\overline{A}$	P

说明：阴影部分表示主机向从机发送数据，无阴影部分表示从机向主机发送数据，下同。上述格式中的从机地址为7位，紧接其后的"1"和"0"表示主机的读/写方向，"1"为读，"0"为写。

格式中：字节1～字节n为主机写入从机的n字节数据。

（2）主机读出来自从机的 n 个字节。除第一个寻址字节由主机发出，n字节都由从机发送，主机接收，数据传送格式如下：

S	从机地址	1	A	字节1	A	……	字节（$n-1$）	A	字节n	$\overline{A}$	P

其中：字节1～字节n为从机被读出的n个字节的数据。主机发送终止信号前应发送非应答信号，向从机表明读操作要结束。

（3）主机的读、写操作。在一次数据传送过程中，主机先发送一个字节数据，然后再接收一个字节数据。此时起始信号和从机地址都被重新产生一次，但两次读写的方向位正好相反。数据传送的格式如下：

S	从机地址	0	A	数据	A/$\overline{A}$	Sr	从机地址 r	1	A	数据	$\overline{A}$	P

其中"Sr"表示重新产生的起始信号，"从机地址 r"表示重新产生的从机地址。

由上可见，无论哪种方式，起始信号、终止信号和从机地址均由主机发送，数据字节传送方向由寻址字节中方向位规定，每字节传送都必须有应答位（A 或 $\overline{A}$）相随。

4. 寻址字节

在上面数据帧格式中，均有7位从机地址和紧跟其后的1位读/写方向位，即下面要介绍的寻址字节。I^2C 总线的寻址采用软件寻址，主机在发送完起始信号后，立即发送寻址字节来寻址被控的从机，寻址字节格式如下：

寻址字节	器件地址				引脚地址			方向位
	DA3	DA2	DA1	DA0	A2	A1	A0	R/$\overline{W}$

7位从机地址即为"DA3、DA2、DA1、DA0"和"A2、A1、A0"。其中，"DA3、DA2、DA1、DA0"为器件地址，是外围器件固有的地址编码，器件出厂时就已经给定；"A2、A1、A0"为引脚地址，由器件引脚"A2、A1、A0"在电

路中接高电平或接地决定。

数据方向位（R/$\overline{W}$）规定了总线上的单片机（主机）与外围器件（从机）的数据传送方向。R/$\overline{W}$ = 1，表示主机接收（读）。R/$\overline{W}$ = 0，表示主机发送（写）。

5. 寻址字节中的特殊地址

I^2C 规定一些特殊地址，其中，两种固定编号 0000 和 1111 已被保留，作为特殊用途，见表 7 – 11。

表 7 – 11 I^2C 总线特殊地址表

地址位							R/$\overline{W}$	意　义
0	0	0	0	0	0	0	0	通用呼叫地址
0	0	0	0	0	0	0	1	起始字节
0	0	0	0	0	0	1	×	CBUS 地址
0	0	0	0	0	1	0	×	为不同总线的保留地址
0	0	0	0	0	1	1	×	保留
0	0	0	0	1	×	×	×	保留
1	1	1	1	1	×	×	×	保留
1	1	1	1	0	×	×	×	10 位从机地址

起始信号后第 1 字节 8 位为 "0000 0000"，为通用呼叫地址，用于寻访 I^2C 总线上所有器件的地址。不需从通用呼叫地址命令获取数据的器件可不响应通用呼叫地址。否则，接收到这个地址后应作出应答，并把自己置为从机接收方式，以接收随后的各字节数据。另外，当遇到不能处理的数据字节时，不作应答，否则收到每个字节后都应作应答。通用呼叫地址的含义在第 2 字节中加以说明。格式如下：

第1字节（通用呼叫地址）								A	第2字节							LSB B	A
0	0	0	0	0	0	0	0	A	×	×	×	×	×	×	×	B	A

第 2 字节为 06H 时，所有能响应通用呼叫地址的从机复位，并由硬件装入从机地址的可编程部分。能响应命令的从机复位时不拉低 SDA 和 SCL 线，以免堵塞总线。

第 2 字节为 04H 时，所有能响应通用呼叫地址，并通过硬件来定义其可编程地址的从机将锁定地址中的可编程位，但不进行复位。

如果第 2 字节的方向位 B 为 "1"，则这两个字节命令称为硬件通用呼叫命令。就是说，这是由 "硬件主器件" 发出的。所谓硬件主器件，是不能发送所要寻访从件地址的发送器，如键盘扫描器等。

这种器件在制造时无法知道信息应向哪儿传送，所以它发出硬件呼叫命令时，会在第 2 字节的高 7 位说明自己的地址。接在总线上的智能器件，如单片机能识别这个地址，并与之传送数据。硬件主器件作为从机使用时，也用这个地址作为从机地址。格式如下：

| S | 0000 0000 | A | 主机地址 | 1 | A | 数据 | A | 数据 | A | P |

在系统中另一种选择可能是系统复位时硬件主器件工作在从机接收方式，这时由系统中主机先告诉硬件主器件数据应送往的从机地址。当硬件主器件要发数据时，就可直接向指定从机发送数据。

6. 数据传送格式

I^2C 总线上每传送一位数据都与一个时钟脉冲相对应，传送的每一帧数据均为一字节。但启动 I^2C 总线后传送的字节数没有限制，只要求每传送一个字节后，对方回答一个应答位。在时钟线为高电平期间，数据线的状态就是要传送的数据。数据线上数据的改变必须在时钟线为低电平期间完成。

在数据传输期间，只要时钟线为高电平，数据线都必须稳定，否则数据线上任何变化都会被当作起始或终止信号。

I^2C 总线数据传送是必须遵循规定的数据传送格式。图 7-38 为完整的数据传送应答时序。根据总线规范，起始信号表明一次数据传送开始，其后为寻址字节。在寻址字节后是按指定读、写的数据字节与应答位。在数据传送完成后主器件都必须发送停止信号。在起始与停止信号间传输的字节数由主机决定的，理论上没有字节限制。

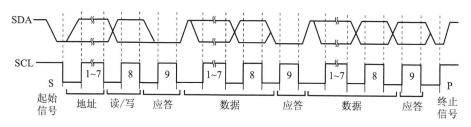

图 7-38　I^2C 总线一次完整的数据传送应答时序

I^2C 总线上的数据传送有多种组合方式，前面已介绍常见的三种数据传送格式，这里不再赘述。

从上述数据传送格式可看出：

（1）无论何种数据传送格式，寻址字节都由主机发出，数据字节的传送方向则遵循寻址字节中的方向位的规定。

（2）寻址字节只表明了从机的地址及数据传送方向。从机内部的 n 个数据地址，由器件设计者在该器件的 I²C 总线数据操作格式中，指定第一个数据字节作为器件内的单元地址指针，且设置地址自动加减功能，以减少从机地址的寻址操作。

（3）每个字节传送都必须有应答信号（A/$\overline{A}$）相随。

（4）从机在接收到起始信号后都必须释放数据总线，使其处于高电平，以便主机发送从机地址。

7.6.2 MCS-51 的 I²C 总线时序模拟

MCS-51 用软件来模拟 I²C 总线上的信号，在单主器件的工作方式下，没有其他主器件对总线的竞争与同步，只存在单片机对 I²C 总线上各从器件的读（单片机接收）、写（单片机发送）操作。

1. 典型信号模拟

为保证数据传送的可靠性，标准 I²C 的数据传送有严格的时序要求。I²C 总线的起始信号、终止信号、应答/数据"0"及非应答/数据"1"的模拟时序如图 7-38～图 7-41 所示。

在 I²C 的数传中，可利用时钟同步机制展宽低电平周期，迫使主器件处于等待状态，使传送速率降低。

对终止信号，要保证有大于 4.7μs 的信号建立时间。终止信号结束时，要释放总线，使 SDA、SCL 维持在高电平，大于 4.7μs 后才可以进行第 1 次起始操作。单主器件系统中，为防止非正常传送，终止信号后 SCL 可设置为低。

对于发送应答位、非应答位来说，与发送数据"0"和"1"的信号定时要求完全相同。只要满足在时钟高电平大于 4.0μs 期间，SDA 线上有确定的电平状态即可。

2. 典型信号的模拟子程序

主器件采用单片机，晶振为 6MHz（机器周期为 2μs），常用的几个典型的波形模拟如下。

（1）起始信号 S。对一个新的起始信号，要求起始前总线空闲时间大于 4.7μs，而对一个重复的起始信号，要求建立时间也须大于 4.7μs。

图 7-39 中的起始信号的时序波形在 SCL 高电平期间 SDA 发生负跳变，该时序波形适用于数据模拟传送中任何情况下的起始操作。起始信号到第一个时钟脉冲的时间间隔应大于 4.0μs。子程序如下：

```
START:  SETB    P1.7    ; SDA =1
        SETB    P1.6    ; SCL =1
        NOP             ; SDA =1 和 SCL =1 保持 4μs
```

```
        NOP
        CLR     P1.7        ; SDA = 0
        NOP                 ; SDA = 0 和 SCL = 1（起始信号）保持 4μs
        NOP
        CLR     P1.6        ; SCL = 0
        RET
```

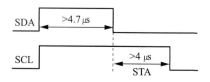

图 7-39　起始信号 S 的模拟

（2）终止信号 P。在 SCL 高期间 SDA 发生正跳变，终止信号 P 的波形如图 7-40 所示。子程序如下：

```
STOP:   CLR     P1.7        ; SDA = 0
        SETB    P1.6        ; SCL = 1
        NOP                 ; 终止信号建立时间 4μs
        NOP
        SETB    P1.7        ; SDA = 1
        NOP
        NOP
        CLR     P1.6        ; SCL = 0
        CLR     P1.7        ; SDA = 0
        RET
```

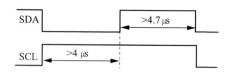

图 7-40　终止信号 P 的模拟

（3）发送应答位/数据 "0"。在 SDA 低电平期间 SCL 发生一个正脉冲，波形如图 7-41 所示。子程序如下：

```
ACK:    CLR     P1.7        ; SDA = 0
        SETB    P1.6        ; SCL = 1
```

```
NOP                ; 4μs
NOP
CLR    P1.6        ; SCL = 0
SETB   P1.7        ; SDA = 1
RET
```

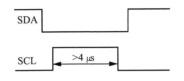

图 7-41 应答位/数据"0"的模拟时序

(4) 发送非应答位/数据"1"。在 SDA 高电平期间 SCL 发生一个正脉冲，时序波形如图 7-42 所示。子程序如下：

```
NACK: SETB   P1.7        ; SDA = 1
      SETB   P1.6        ; SCL = 1
      NOP                ; 两条 NOP 指令为 4μs
      NOP
      CLR    P1.6        ; SCL = 0
      CLR    P1.7        ; SDA = 0
      RET
```

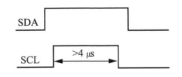

图 7-42 非应答位/数据"1"的模拟时序

7.6.3 I^2C 总线模拟通用子程序

I^2C 总线操作中除基本的起始信号、终止信号、发送应答位/数据"0"和发送非应答位/数据"1"外，还需要有应答位检查、发送 1 字节、接收 1 字节、发送 n 字节和接收 n 字节子程序。

1. 应答位检查子程序

在应答位检查子程序 CACK 中，设置了标志位 F0，当检查到正常应答位时，F0 = 0；否则 F0 = 1。参考子程序如下：

```
CACK: SETB   P1.7      ; SDA 为输入线
      SETB   P1.6      ; SCL=1,使 SDA 引脚上的数据有效
      CLR    F0        ; 预设 F0=0
      MOV    C,P1.7    ; 读入 SDA 线的状态
      JNC    CEND      ; 应答正常,转 F0=0
      SETB   F0        ; 应答不正常,F0=1
CEND: CLR    P1.6      ; 子程序结束,使 SCL=0
      RET
```

2. 发送 1 字节数据子程序

下面是模拟 I²C 数据线 SDA 发送 1 字节数据的子程序。调用本子程序前,先将欲发送的数据送入 A 中。参考子程序如下:

```
W1BYTE: MOV   R6,#08H  ; 8 位数据长度送入 R6 中
WLP:    RLC   A        ; A 左移,发送位进入 C
        MOV   P1.7,C   ; 将发送位送入 SDA 引脚
        SETB  P1.6     ; SCL=1,使 SDA 引脚上的数据有效
        NOP
        NOP
        CLR   P1.6     ; SDA 线上数据变化
        DJNZ  R6,WLP
        RET
```

3. 接收 1 字节数据子程序

下面是模拟从 I²C 的数据线 SDA 读取 1 字节数据的子程序,并存入 R2 中,子程序如下:

```
R1BYTE: MOV   R6,#08H  ; 8 位数据长度送入 R6 中
RLP:    SETB  P1.7     ; 置 SDA 数据线为输入方式
        SETB  P1.6     ; SCL=1,使 SDA 数据线上的数据有效
        MOV   C,P1.7   ; 读入 SDA 引脚状态
        MOV   A,R2
        RLC   A        ; 将 C 读入 A
        MOV   R2,A     ; 将 A 存入 R2
        CLR   P1.6     ; SCL=0,继续接收数据
        DJNZ  R6,RLP
        RET
```

4. 发送 n 字节数据子程序

本子程序为主机向 I²C 的数据线 SDA 连续发送 n 字节数据,从机接收。发送 n 字节数据的格式如下:

| S | 从机地址 | 0 | A | 字节1 | A | …… | 字节(n-1) | A | 字节n | A/Ā | P |

本子程序定义了如下一些符号单元:
MSBUF:主器件发送数据缓冲区首地址的存放单元。
WSLA:外围器件寻址字节(写)的存放单元。
NUMBYT:发送 n 字节数据的存放单元。

在调用本程序之前,需将寻址字节代码存放在 WSLA 单元,将要发送的 n 字节数据依次存放在以 MSBUF 单元内容为首址的发送缓冲区内。调本程序后,n 字节数据依次传送到外围器件内部相应地址单元中。参考子程序如下:

```
WNBYTE: MOV   R7,NUMBYT      ;发送字节数送 R7
        LCALL START          ;调用起始信号模拟子程序
        MOV   A,WSLA         ;发送外围器件的寻址字节
        LCALL W1BYTE         ;调用发送1字节子程序
        LCALL CACK           ;调用检查应答位子程序
        JB    F0,WNBYTE      ;为非应答位则重发
        MOV   R0,MSBUF       ;主器件发送缓冲区首地址送 R0
WDATA:  MOV   A,@R0          ;发送数据送 A
        LCALL W1BYTE         ;调用发送1字节子程序
        LCALL CACK           ;检查应答位
        JB    F0,WNBYTE      ;为非应答位则重发
        INC   R0             ;修改地址指针
        DJNZ  R7,WDATA
        LCALL STOP           ;调用发送子程序,发送结束
        RET
```

5. 读入 n 字节数据子程序

本子程序为主机从 I²C 的数据线 SDA 读入 n 字节数据,从机发送。格式如下:

| S | 从机地址 | 1 | A | 字节1 | A | …… | 字节(n-1) | A | 字节n | Ā | P |

子程序定义如下一些符号单元:

RSABYT：外围器件寻址字节（读）存放单元。

MRBUF：主机接收缓冲区存放接收数据的首址单元。

其中 NUMBYT 与子程序 WNBYTE 中定义相同。

在调用本程序之前，需将寻址字节代码存放在 RSABYT 单元。执行子程序后，从外围器件指定首地址开始的 n 字节数据依次存放在以 MRBUF 单元内容为首地址的发送缓冲区中。子程序如下：

```
RNBYTE: MOV    R7, NUMBYT      ; 读入字节数 n 存入 R7
RLP:    LCALL  START           ; 调用起始信号模拟子程序
        MOV    A, RSABYT       ; 寻址字节送入 A
        LCALL  W1BYTE          ; 写入寻址字节
        LCALL  CACK            ; 检查应答位
        JB     F0, RNBYTE      ; 非正常应答时重新开始
        MOV    R0, MRBUF       ; 接收缓冲区的首址送 R0
RDATA:  LCALL  R1BYTE          ; 读入 1 字节到 A
        MOV    @R0, A          ; 接收的数据存入缓冲区
        DJNZ   R7, ACK         ; n 字节未读完则跳转 ACK
        LCALL  NASK            ; n 字节读完则发送非应答位
        LCALL  STOP            ; 调用发送停止位子程序
        RET
ACK:    LCALL  ACK             ; 发送一个应答位到外围器件
        INC    R0              ; 修改地址指针
        SJMP   RDATA
        RET
```

习题与思考题

1. MCS–51 单片机如何访问外部 ROM 及外部 RAM？

2. 试用 Intel2764、6116 为 8031 单片机设计一个存储器系统，它具有 8K EPROM（地址由 0000H～1FFFH）和 16K 的程序、数据兼用的 RAM 存储器（地址为 2000H～5FFFH）。具体要求：画出该存储器系统的硬件连接图。

3. 试用 Intel 2764、2864 为 8031 单片机设计一个存储器系统，它具有 8K EPROM（地址为 0000H～1FFFH）和 16K 的程序、数据兼用的 RAM 存储器（地址为 2000H～5FFFH）。具体要求：画出硬件连接图，并指出每片芯片的地址空间。

4. 试为 MCS-51 微机系统设计一个键盘接口（可经 8155 或 82C55）。键盘共有 12 个键（3 行 ×4 列），其中十个为数字键 0~9，两个为功能键 RESET 和 START。具体要求：

（1）按下数字键后，键值存入 3040H 开始的单元中（每个字节存放一个键值）。

（2）按下 RESET（复位）键后，将 PC 复位成 0000H。

（3）按下 START（启动）键后，系统开始执行用户程序（用户程序的入口地址为 4080H）。试画出该接口的硬件连接图并进行程序设计。

5. 试为 MCS-51 微机系统设计一个 LED 显示器接口，该显示器共有八位，从左到右分别为 DG1~DG8（共阴极式），要求将内存 3080H~3087H 八个单元中的十进制数（BCD）依次显示在 DG1~DG8 上。要求：画出该接口硬件连接图并进行接口程序设计。

6. I^2C 总线的特点是什么？

7. I^2C 总线的起始信号和终止信号是如何定义的？

8. 具有 I^2C 总线接口的 E^2PROM 芯片有哪几种型号？容量如何？

项目七

82C55 扩展

一、项目目标

【能力目标】
可设计硬件电路,根据原理图设计软件及编写程序。
【知识目标】
掌握可编程 I/O 接口芯片 82C55 的接口原理使用。
熟悉对 82C55 初始化编程和输入、输出软件的设计方法。
了解 82C55 芯片的结构及编程方法。

二、项目要求

编写程序,使 LED 显示 6 位字符:1~6。

三、硬件设计

82C55 是可编程的通用并行输入输出接口电路。实训线路如图 7-43 所示,A 口为段数据口,B 口为六个数码管的位选,即扫描口,A 口经 74LS245 驱动段码,B 口经三极管驱动接到 LED 的阳极。

四、软件设计

```
        ORG     0000H
        LJMP    MAIN
        ORG     0030H
MAIN:   MOV     DPTR, #7FFFH    ; 端口地址送 DPTR
        MOV     A, #80H         ; 8255 控制字送 A
        MOVX    @DPTR, A        ; 置8255为工作方式0, A口为输出口, B
                                  口为输出口
        MOV     A, #0FEH        ; 位显示码送 A
        MOV     DPTR, #7DFFH    ; 扫描模式送 8255B 口
        MOVX    @DPTR, A        ; 显示第一位
```

```
MOV     A, #92H             ;段码送A
MOV     DPTR, #7CFFH        ;段数据送8255A口
MOVX    @DPTR, A
LCALL   DEL0                ;延时
MOV     A, #0FDH            ;位显示码送A
MOV     DPTR, #7DFFH        ;扫描模式送8255B口
MOVX    @DPTR, A            ;显示第二位
MOV     A, #99H             ;段码送A
MOV     DPTR, #7CFFH        ;段数据送8255A口
MOVX    @DPTR, A
LCALL   DEL0                ;延时;以下同理
MOV     A, #0FBH
MOV     DPTR, #7DFFH
MOVX    @DPTR, A
MOV     A, #0B0H
MOV     DPTR, #7CFFH
MOVX    @DPTR, A
LCALL   DEL0
MOV     A, #0F7H
MOV     DPTR, #7DFFH
MOVX    @DPTR, A
MOV     A, #0A4H
MOV     DPTR, #7CFFH
MOVX    @DPTR, A
LCALL   DEL0
MOV     A, #0EFH
MOV     DPTR, #7DFFH
MOVX    @DPTR, A
MOV     A, #0F9H
MOV     DPTR, #7CFFH
MOVX    @DPTR, A
LCALL   DEL0
MOV     A, #0DFH
MOV     DPTR, #7DFFH
MOVX    @DPTR, A
MOV     A, #0C0H
MOV     DPTR, #7CFFH
```

```
            MOVX    @DPTR, A
            LCALL   DEL0
            AJMP    MAIN        ;循环
     DEL0:  MOV     R6, #00H    ;延时子程序
     TM:    MOV     R7, #01H
            DJNZ    R7, $
            DJNZ    R6, TM
            RET
            END
```

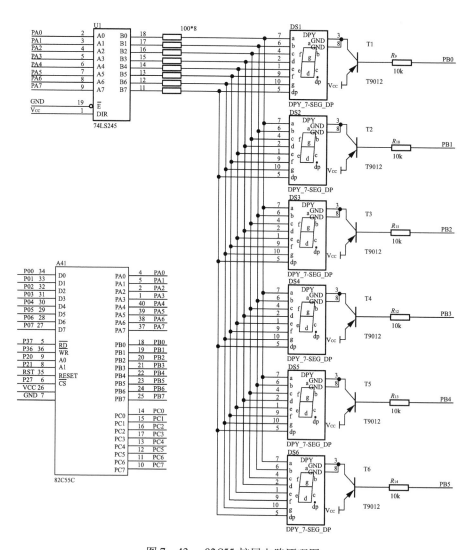

图 7-43　82C55 扩展电路原理图

五、项目实施

（1）用40芯排线把主机模块和82C55扩展实训模块连接起来。接通电源，运行程序。

（2）把40芯排线拔掉，用导线把主机和82C55扩展实训模块连接起来，自己定义连接方式，编写一个程序运行。

六、能力训练

编写程序，使LED显示6位字符：a~f。

第 8 章

数/模和模/数转换器接口

8.1 概 述

在单片机测控系统中,被测量的温度、压力、流量、速度等非电物理量,需经传感器先转换模拟电信号,再转换成数字量后才能在单片机中用软件进行处理。模拟量转换成数字量的器件为 A/D 转换器(ADC)。单片机处理完毕的数字量,有时需转换为模拟信号输出,转换所用器件称为 D/A 转换器(DAC)。

8.2 MCS-51 单片机与 DAC 的接口

目前商品化 DAC 芯片较多,设计者只需要合理地选用合适的芯片,了解它们的功能、引脚外特性以及与单片机的接口设计方法即可。由于现在部分的单片机芯片中集成了 D/A 转换器,位数一般在 10 位左右,且转换速度也很快,所以单片的 DAC 开始向高位数和高转换速度上转变。

低端的产品,如 8 位的 D/A 转换器,开始面临被淘汰的危险,但是之后在实验室或涉及某些工业控制方面,低端的 8 位 DAC 以其优异的性价比,具有相当大的应用空间。

8.2.1 D/A 转换器简介

1. 概述

购买和使用 D/A 转换器时,要注意 D/A 转换器选择的几个问题。

1) D/A 转换器的输出形式

D/A 转换器有两种输出形式:一种是电压输出,即给 D/A 转换器输入的是数字量,而输出为电压;另一种是电流输出,对电流输出的 D/A 转换器,如需要模拟电压输出,可在其输出端加一个由运算放大器构成的 I-V 转换电路,将电流输出转换为电压输出。

2) D/A 转换器与单片机的接口形式

单片机与 D/A 转换器的连接,早期多采用 8 位数字量并行传输的并行接口,现在除并行接口外，带有串行口的 D/A 转换器品种也不断增多。除了通用的 UART 串行口外，目前较为流行的还有 I²C 串行口和 SPI 串行口等。所以在选择单片 D/A 转换器时，要考虑单片机与 D/A 转换器的接口形式。

2. 主要技术指标

主要技术指标很多，使用者最关心的几个指标如下：

1）分辨率

分辨率指单片机输入给 D/A 转换器的单位数字量的变化所引起的模拟量输出的变化，通常定义为输出满刻度值与 2^n 之比（n 为 D/A 转换器的二进制位数）。习惯上用输入数字量的二进制位数表示。位数越多，分辨率越高，即 D/A 转换器对输入量变化的敏感程度越高。

例如，8 位的 D/A 转换器，若满量程输出为 10V，根据分辨率定义，则分辨率为 $10V/2^n$，分辨率为：10V/256 = 39.1mV，即输入的二进制数最低位的变化可引起输出的模拟电压变化 39.1mV，该值占满量程的 0.391%，常用符号 1LSB 表示。

同理：

10 位 D/A 转换：1 LSB = 9.77mV = 0.1% 满量程；

12 位 D/A 转换：1 LSB = 2.44mV = 0.024% 满量程；

16 位 D/A 转换：1 LSB = 0.076mV = 0.00076% 满量程。

使用时，应根据对 D/A 转换器分辨率的需要来选定 D/A 转换器的位数。

2）建立时间

建立时间是描述 D/A 转换器转换快慢的一个参数，用于表明转换时间或转换速度。其值为从输入数字量到输出达到终值误差（(1/2)LSB）时所需的时间。

电流输出的转换时间较短，而电压输出的转换器，由于要加上完成 I-V 转换的运算放大器的延迟时间，因此转换时间要长一些。快速 D/A 转换器的转换时间可控制在 1μs 以下。

3）转换精度

理想情况下，转换精度与分辨率基本一致，位数越多精度越高。但由于电源电压、基准电压、电阻、制造工艺等各种因素存在着误差，严格讲，转换精度与分辨率并不完全一致。只要位数相同，分辨率则相同，但相同位数的不同转换器转换精度会有所不同。

例如，某种型号的 8 位 DAC 精度为 ±0.19%，而另一种型号的 8 位 DAC 精度为 ±0.05%。

8.2.2 MCS-51 与 8 位 D/A 转换器 0832 的接口设计

1. DAC0832 芯片介绍

1) DAC0832 的特性

美国国家半导体公司的 DAC0832 芯片是具有两个输入数据寄存器的 8 位 DAC，它能直接与 MCS-51 单片机连接，主要特性如下：

（1）分辨率为 8 位。
（2）电流输出，建立时间为 $1\mu s$。
（3）可双缓冲输入、单缓冲输入或直接数字输入。
（4）单一电源供电（5~15V）。
（5）低功耗，20mW。

2) DAC0832 的引脚及逻辑结构

DAC0832 引脚如图 8-1 所示，其逻辑结构如图 8-2 所示。

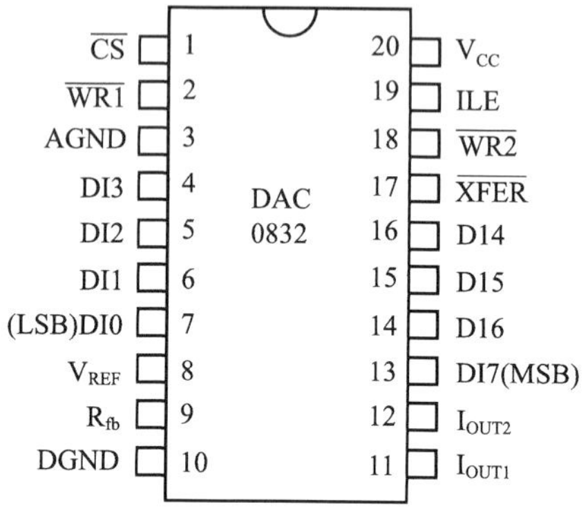

图 8-1 DAC0832 的引脚图

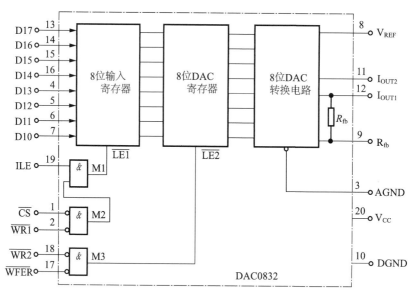

图 8-2 DAC0832 的逻辑结构

引脚功能如下：

DI0~DI7：8 位数字信号输入端，与单片机的数据总线 P0 口相连，用于接收单片机送来的待转换为模拟量的数字量，DI7 为最高位。

$\overline{CS}$：片选端，当其为低电平时，本芯片被选中。

ILE：数据锁存允许控制端，高电平有效。

$\overline{WR1}$：第一级输入寄存器写选通控制，低电平有效。当$\overline{CS}=0$，ILE = 1，$\overline{WR1}=0$时，待转换的数据信号被锁存到第一级 8 位输入寄存器中。

$\overline{XFER}$：数据传送控制，低电平有效。

$\overline{WR2}$：DAC 寄存器写选通控制端，低电平有效。当$\overline{XFER}=0$，$\overline{WR2}=0$时，输入寄存器中待转换的数据传入 8 位 DAC 寄存器中。

I_{OUT1}：D/A 转换器电流输出 1 端，输入数字量全为"1"时，IOUT1 最大，输入数字量全为"0"时，I_{OUT1}最小。

I_{OUT2}：D/A 转换器电流输出 2 端，IOUT2 + IOUT1 = 常数。

R_{fb}：外部反馈信号输入端，内部已有反馈电阻R_{fb}，根据需要也可外接反馈电阻。

V_{CC}：电源输入端，在 + 5 ~ + 15V 范围内。

DGND：数字信号地。

AGND：模拟信号地，最好与基准电压共地。

DAC0832 内部电路如图 8 - 2 所示。"8 位输入寄存器"用于存放单片机送来的数字量，使输入数字量得到缓冲和锁存，由$\overline{LE1}$加以控制；"8 位 DAC 寄存器"用于存放待转换的数字量，由$\overline{LE2}$控制；"8 位 D/A 转换电路"受"8 位 DAC 寄存器"输出的数字量控制，能输出和数字量成正比的模拟电流。因此，需外接 I - V 转换的运算放大器电路，才能得到模拟输出电压。

2. MCS - 51 单片机与 DAC0832 的接口电路设计

设计接口电路时，常用单缓冲方式或双缓冲方式的单极性输出。

1）单缓冲方式

单缓冲方式指 DAC0832 内部的两个数据缓冲器有一个处于直通方式，另一个处于受 MCS - 51 单片机控制的锁存方式。在实际应用中，如果只有一路模拟量输出，或虽是多路模拟量输出但并不要求多路输出同步的情况下，可采用单缓冲方式。

单缓冲方式下单片机与 DAC0832 的接口电路如图 8 - 3 所示。

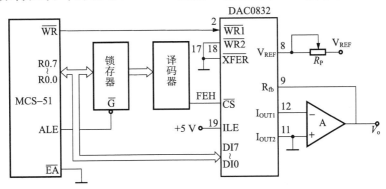

图 8 - 3 单缓冲方式下单片机与 DAC0832 的接口电路

图 8-3 所示的是单极性模拟电压输出电路,由于 DAC0832 是 8 位（$2^8=256$）的 D/A 转换器,由基尔霍夫定律列出的方程组可解得 0832 输出电压 V_o 与输入数字量 B 的关系为

$$V_o = -B \cdot \frac{V_{REF}}{256}$$

显然,输出的模拟电压 V_o 和输入的数字量 B 以及基准电压 V_{REF} 成正比,且 B 为 0 时, V_o 也为 0,输入数字量为 255 时, V_o 为最大的绝对值输出,且不会大于 V_{REF} 。

图 8-3 中, $\overline{WR2}$ 和 $\overline{WR1}$ 接地,故 DAC0832 的"8 位 DAC 寄存器"（见图 8-2）工作于直通方式。

"8 位输入寄存器"受 $\overline{CS}$ 和 $\overline{WR1}$ 端控制,而且由译码器输出端 FEH 送来的数字量,也可由 P2 口的某一条口线来控制。因此,单片机执行如下两条指令就可在 $\overline{WR1}$ 和 $\overline{CS}$ 上产生低电平信号,使 DAC0832 接收 MCS-51 送来的数字量。

```
MOV    R0, #0FEH         ; DAC 端口地址 FEH→R0
MOVX   @R0, A            ; 单片机的和译码器 FEH 输出端有效
```

现举例说明单缓冲方式下 DAC0832 的应用。

【例 8-1】 DAC0832 用作波形发生器。试根据图 8-3,分别写出产生锯齿波、三角波和矩形波的程序。

在图 8-3 中,运算放大器 A 输出端 V_o 直接反馈到 R_{fb} ,故这种接线产生的模拟输出电压是单极性的。产生上述三种波形的参考程序如下:

(1) 锯齿波的产生。

```
       ORG   2000H
START: MOV   R0, #0FEH    ; DAC 地址 FEH→ R0
       MOV   A, #00H      ; 数字量→A
LOOP:  MOVX  @R0, A       ; 数字量→D/A 转换器
       INC   A            ; 数字量逐次加 1
       SJMP  LOOP
```

当输入数字量从 0 开始,逐次加 1 进行 D/A 转换,模拟量与其成正比输出。当 A=FFH 时,再加 1 则溢出清零,模拟输出又为 0,然后又重新重复上述过程,如此循环,输出的波形就是锯齿波,如图 8-4 所示。

实际上,每一个上升斜边要分成 256 个小台阶,每个小台阶暂留时间为执行后三条指令所需要的时间。因此,"INC A"指令后插入 NOP 指令或延时程序,即可改变锯齿波频率。

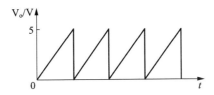

图 8-4　DAC0832 产生的锯齿波输出

(2) 三角波的产生。

```
        ORG   2000H
START:  MOV   R0,#0FEH
        MOV   A,#00H
UP: MOVX  @R0,A        ;产生三角波的上升边
    INC   A
    JNZ   UP
DOWN: DEC   A           ;A=0 时减 1 为 FFH,产生三角波的下降边
      MOVX  @R0,A
      JNZ   DOWN
      SJMP  UP
```

输出的三角波如图 8-5 所示。

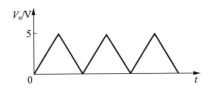

图 8-5　DAC0832 产生的三角波输出

(3) 矩形波的产生。

```
        ORG   2000H
START:  MOV   R0,#0FEH
LOOP:   MOV   A,#data1   ;#data1 为上限电平对应的数字量
        MOVX  @R0,A      ;置矩形波上限电平
        LCALL DELAY1     ;调用高电平延时程序
        MOV   A,#data2   ;#data2 为下限电平对应的数字量
        MOVX  @R0,A      ;置矩形波下限电平
        LCALL DELAY2     ;调用低电平延时程序
```

```
        SJMP    LOOP            ;重复进行下一个周期
```

输出的矩形波如图 8-6 所示。DELAY1、DELAY2 为两个延时程序，分别决定输出的矩形波高、低电平时的持续宽度。矩形波频率也可用延时方法改变。

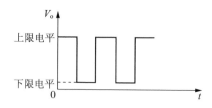

图 8-6 DAC0832 产生的矩形波输出

2）双缓冲方式

多路的 D/A 转换要求同步输出时，必须采用双缓冲同步方式。此方式工作时，数字量的输入锁存和 D/A 转换输出是分两步完成的。单片机必须通过$\overline{\text{LE1}}$来锁存待转换的数字量，通过$\overline{\text{LE2}}$来启动 D/A 转换，见图 8-2。

因此，双缓冲方式下，DAC0832 应该为单片机提供两个 I/O 端口。MCS-51 单片机和 DAC0832 在双缓冲方式下的连接如图 8-7 所示。

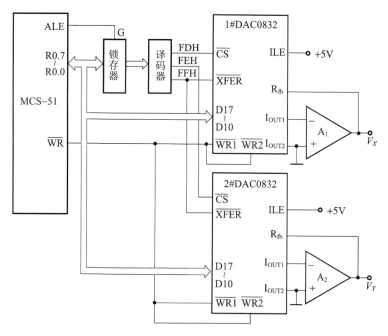

图 8-7 单片机和两片 DAC0832 的双缓冲方式接口电路

由图 8-7 可见，1#DAC0832 因$\overline{\text{CS}}$和译码器 FDH 相连而占有 FDH 和 FFH 两个 I/O 端口地址（由译码器的连接逻辑来决定），而 2#DAC0832 的两个端口地址为 FEH 和 FFH。其中，FDH 和 FEH 分别为 1#和 2#DAC0832 的数字量输入控制端口地址，而 FFH 为动 D/A 转换的端口地址，其余连接如图 8-7 所示。

若把图 8-7 中 DAC 输出的模拟电压 V_X 和 V_Y 来控制 X-Y 绘图仪，则应把 V_X 和 V_Y 分别加到 X-Y 绘图仪的 X 通道和 Y 通道，而 X-Y 绘图仪由 X、Y 两个方向的步进电机驱动。其中一个电机控制绘笔沿 X 方向运动；另一个电机控制绘笔沿 Y 方向运动。

因此，对 X-Y 绘图仪的控制有一基本要求：就是两路模拟信号要同步输出，使绘制的曲线光滑。如果不同步输出，如先输出 X 通道的模拟电压，再输出 Y 通道的模拟电压，则绘图笔先向 X 方向移动，再向 Y 方向移动，此时绘制的曲线就是阶梯状的。通过本例，不难理解 DAC 设置双缓冲方式的目的所在。

【例 8-2】 设 MCS-51 内部 RAM 中有两个长度为 20 的数据块，其起始地址为分别为 addr1 和 addr2，根据图 8-7，编写能把 addr1 和 addrr2 中数据从 1#和 2#DAC0832 同步输出的程序。程序中 addr1 和 addr2 中的数据，即为绘图仪所绘制曲线的 x、y 坐标点。

由图 8-7 可知，DAC0832 各端口地址为：

FDH：1#DAC0832 数字量输入控制端口；

FEH：2#DAC0832 数字量输入控制端口；

FFH：1#和 2#DAC0832 启动 D/A 转换端口。

首先使工作寄存器 0 区的 R1 指向 addr1；1 区的 R1 指向 addr2；0 区工作寄存器的 R2 存放数据块长度；0 区和 1 区工作寄存器区的 R0 指向 DAC 端口地址。程序如下：

```
        ORG   2000H
        addr1 DATA  20H    ;定义存储单元
        addr2 DATA  40H    ;定义存储单元
DTOUT:  MOV   R1, #addr1   ;0 区 R1 指向 addr1
        MOV   R2, #20      ;数据块长度送 0 区 R2
        SETB  RS0          ;切换到工作寄存器 1 区
        MOV   R1, #addr2   ;1 区 R1 指向 addr2
        CLR   RS0          ;返回工作寄存器 0 区
NEXT:   MOV   R0, #0FDH    ;0 区 R0 指向 1#DAC 数字量控制端口
        MOV   A, @R1       ;addr1 中数据送 A
        MOVX  @R0, A       ;addr1 中数据送 1#DAC
        INC   R1           ;修改 addr1 指针 0 区 R1
        SETB  RS0          ;转入 1 区
        MOV   R0, #0FEH    ;1 区 R0 指向 2#DAC0832 数字量控制
```

端口
```
MOV    A, @R1          ; addr2 中数据送 A
MOVX   @R0, A          ; addr2 中数据送 2#DAC0832
INC    R1              ; 修改 addr2 指针 1 区 R1
INC    R0              ; 1 区 R0 指向 DAC 的启动 D/A 转换端口
MOVX   @R0, A          ; 启动 DAC 进行转换
CLR    RS0             ; 返回 0 区
DJNZ   R2, NEXT        ; 若未完，则跳转 NEXT
LJMP   DTOUT           ; 若送完，则循环
```

3. DAC0832 的双极性的电压输出

有些场合则要求 DAC0832 双极性模拟电压输出，下面介绍如何实现。

在双极性电压输出的场合下，可以按照图 8-8 所示接线。图中，DAC0832 的数字量由单片机送来，A1 和 A2 均为运算放大器，V_o 通过 2R 电阻反馈到运算放大器 A2 输入端，G 点为虚拟地，其他电路如图 8-8 所示。由基尔霍夫定律列出的方程组可解得

$$V_0 = (B - 128) \cdot \frac{V_{REF}}{128} \tag{8-1}$$

由式（8-1）知，当单片机输出给 DAC0832 的数字量 $B \geq 128$ 时，即数字量最高位 $b7$ 为 1，输出的模拟电压 V_o 为正；当单片机输出给 DAC0832 的数字量 $B < 128$ 时，即数字量最高位为 0，则 v_o 的输出电压为负。

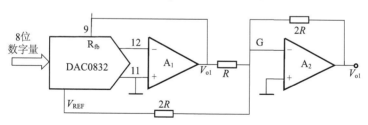

图 8-8 双极性 DAC 的接法

8.3 MCS-51 单片机与 ADC 的接口

8.3.1 A/D 转换器简介

A/D 转换器把模拟量转换成数字量，以便于单片机进行数据处理。

随着超大规模集成电路技术的飞速发展，A/D 转换器的新设计思想和制造技

术层出不穷。为满足各种不同的检测及控制任务的需要，大量结构不同、性能各异的 A/D 转换芯片应运而生。

1. A/D 转换器概述

目前单片的 ADC 芯片较多，对设计者来说，只需合理地选择芯片即可。现在部分的单片机片内集成了 A/D 转换器，若片内 A/D 转换器不能满足需要，还是需外扩。另外，作为扩展 A/D 转换器的基本方法，读者还是应当掌握。

尽管 A/D 转换器的种类很多，但目前广泛应用在单片机应用系统中的主要有逐次比较型转换器和双积分型转换器，此外 $\Sigma-\Delta$ 式转换器也逐渐得到重视和较为广泛的应用。

逐次比较型 A/D 转换器，在精度、速度和价格上都适中，是最常用的 A/D 转换器。

双积分型 A/D 转换器，具有精度高、抗干扰性好、价格低廉等优点，与逐次比较型 A/D 转换器相比，转换速度较慢，近年来在单片机应用领域中也得到广泛应用。

$\Sigma-\Delta$ 式 ADC 具有积分式与逐次比较型 ADC 的双重优点。它对工业现场的串模干扰具有较强的抑制能力，不亚于双积分 ADC，它与双积分 ADC 相比有较高的转换速度，与逐次比较型 ADC 相比，有较高的信噪比，分辨率高，线性度好，不需要采样保持电路。由于上述优点，$\Sigma-\Delta$ 式 ADC 得到了重视，已有多种 $\Sigma-\Delta$ 式 A/D 芯片可供用户选用。

A/D 转换器按照输出数字量的有效位数分为 4 位、8 位、10 位、12 位、14 位、16 位并行输出以及 BCD 码输出的 3 位半、4 位半、5 位半等。

目前，除并行输出 A/D 转换器外，随着单片机串行扩展方式的日益增多，带有同步 SPI 串行接口的 A/D 转换器的使用也逐渐增多。串行输出的 A/D 转换器具有占用端口线少、使用方便、接口简单等优点，因此，读者要给予足够重视。较为典型的串行 A/D 转换器为美国 TI 公司的 TLC549（8 位）、TLC1549（10 位）、TLC1543（10 位）和 TLC2543（12 位）。

A/D 转换器按照转换速度可大致分为超高速（转换时间 $\leq$ 1ns）、高速（转换时间 $\leq$ 1μs）、中速（转换时间 $\leq$ 1ms）、低速（转换时间 $\leq$ 1s）等几种不同转换速度的芯片。为适应系统集成的需要，有些转换器还将多路转换开关、时钟电路、基准电压源、二－十进制译码器和转换电路集成在一个芯片内，为用户提供很多方便。

2. A/D 转换器的主要技术指标

1）转换时间和转换速率

转换时间为 A/D 完成一次转换所需要的时间。转换时间的倒数为转换速率。

2）分辨率

在 A/D 转换器中，分辨率是衡量 A/D 转换器能够分辨出输入模拟量最小变化程度的技术指标。分辨率取决于 A/D 转换器的位数，所以习惯上用输出的二进制位数或 BCD 码位数表示。例如，A/D 转换器 AD1674 的满量程输入电压为 5V，可输出 12 位二进制数，即用 212 个数进行量化，其分辨率为 1LSB，也即 5V/212 = 1.22mV，其分辨率为 12 位，或 A/D 转换器能分辨出输入电压 1.22mV 的变化。

又如，双积分型输出 BCD 码的 A/D 转换器 MC14433，其满量程输入电压为 2V，其输出最大的十进制数为 1999，分辨率为三位半（BCD 码），如果换算成二进制位数表示，其分辨率约为 11 位，因为 1999 最接近于 $2^{11}=2048$。

量化过程引起的误差称为量化误差。是由于有限位数字量对模拟量进行量化而引起的误差。理论上规定为一个单位分辨率的 $-1/2 \sim +1/2$LSB，提高 A/D 位数既可以提高分辨率，又能够减少量化误差。

3）转换精度

A/D 转换器的转换精度定义为一个实际 A/D 转换器与一个理想 A/D 转换器在量化值上的差值，可用绝对误差或相对误差表示。

8.3.2　MCS - 51 与逐次比较型 8 位 A/D 转换器 ADC0809 的接口

1. ADC0809 引脚及功能

逐次比较型 8 路模拟输入、8 位数字量输出的 A/D 转换器，其引脚如图 8 - 9 所示。

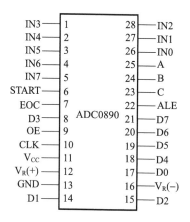

图 8 - 9　ADC0809 的引脚图

ADC0809 共 28 引脚，双列直插式封装。引脚功能如下：

IN0 ~ IN7：8 路模拟信号输入端。

D0～D7：转换完毕的 8 位数字量输出端。

A、B、C 与 ALE：控制 8 路模拟输入通道的切换。A、B、C 分别与单片机的三条地址线相连，三位编码对应 8 个通道地址端口。C、B、A＝000～111 分别对应 IN0～IN7 通道的地址。各路模拟输入之间切换由软件改变 C、B、A 引脚的编码来实现。

OE、START、CLK：OE 为输出允许端，START 为启动信号输入端，CLK 为时钟信号输入端。

V_R(＋)、V_R(－)：基准电压输入端。

2. ADC0809 结构及转换原理

ADC0809 结构如图 8-10 所示。采用逐次比较法完成 A/D 转换，单一的 ＋5V 电源供电。片内带有锁存功能的 8 选 1 模拟开关，由 C、B、A 的编码来决定所选的通道。完成一次转换需 100μs 左右（转换时间与 CLK 脚的时钟频率有关），具有输出 TTL 三态锁存缓冲器，可直接连到单片机数据总线上。通过适当的外接电路，ADC0809 可对 0～5V 的模拟信号进行转换。

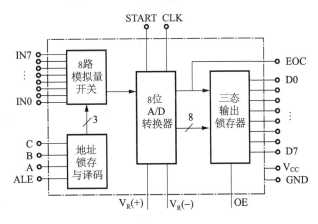

图 8-10 ADC0809 结构框图

3. MCS-51 单片机与 ADC0809 的接口

先了解单片机如何控制 ADC 开始转换，如何得知转换结束以及如何读入转换结果的问题。

控制 ADC0809 过程如下：先用指令选择 ADC0809 的一个模拟输入通道，当执行"MOVX @DPTR，A"时，单片机的 $\overline{WR}$ 信号有效，从而产生一个启动脉冲。信号给 ADC0809 的 START 脚，开始对选中通道转换。当转换结束后，ADC0809 发出转换结束 EOC（高电平）信号，该信号可供单片机查询，也可反相后作为向单片机发出的中断请求信号。

当执行指令"MOVX A，@DPTR"时，单片机发出读控制 $\overline{RD}$ 信号，通过逻辑电路控制 OE 端为高电平，把转换完毕的数字量读入到单片机的累加器 A 中。

单片机读取 ADC 的转换结果时，可采用查询和中断控制两种方式。

查询方式是在单片机把启动信号送到 ADC 之后，再执行其他程序。同时对 ADC0809 的 EOC 脚不断进行检测，以查询 ADC 变换是否已经结束。如查询到变换已经结束，则读入转换完毕的数据。

中断控制方式是在启动信号送到 ADC 之后，单片机执行其他程序。ADC0809 转换结束并向单片机发出中断请求信号时，单片机响应此中断请求，进入中断服务程序，读入转换完毕的数据。

中断控制方式效率高，所以特别适合于转换时间较长的 ADC。

1) 查询方式

ADC0809 与 MCS-51 的查询方式接口如图 8-11 所示。

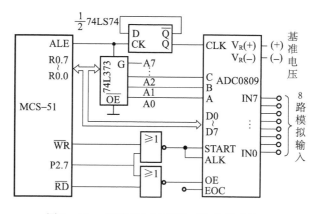

图 8-11　ADC0809 与 MCS-51 查询式接口

图 8-11 中的基准电压是提供给 A/D 转换器在转换时所需要的基准电压，这是保证转换精度的基本条件。基准电压要单独用高精度稳压电源供给，其电压的变化要小于 1LSB 时。否则当被变换的输入电压不变，而基准电压的变化大于 1LSB 时，也会引起 A/D 转换器输出的数字量变化。

由于 ADC0809 片内无时钟，可利用单片机提供的地址锁存允许信号 ALE 经 D 触发器二分频后获得，ALE 引脚的频率是 MCS-51 单片机时钟频率的 1/6（但要注意，每当访问外部数据存储器时，将少一个 ALE 脉冲）。如果单片机时钟频率采用 6MHz，则 ALE 引脚的输出频率为 1MHz。再二分频后为 500kHz，符合 ADC0809 对时钟频率的要求。当然，也可采用独立的时钟源输出，直接加到 ADC 的 CLK 脚。

由于 ADC0809 具有输出三态锁存器，其 8 位数据输出引脚 D0~D7 可直接与单片机的 P0 口相连。地址译码引脚 C、B、A 分别与地址总线的低三位 A2、A1、A0 相连，以选通 IN0~IN7 中的一个通道。

在启动 A/D 转换时,由单片机的写信号 $\overline{WR}$ 和 P2.7 控制 ADC 的地址锁存和转换启动。由于 ALE 和 START 连在一起,因此 ADC0809 在锁存通道地址的同时,启动并进行转换。

在读取转换结果时,用低电平的读信号和 P2.7 引脚经一级"或非门"后产生的正脉冲作为 OE 信号,用来打开三态输出锁存器。

下面的程序是采用软件延时的方式,分别对 8 路模拟信号轮流采样一次,并依次把结果转储到数据存储区的转换程序。

```
MAIN:  MOV   R1, #data        ;置数据区首地址
       MOV   DPTR, #7FF8H     ;端口地址送 DPTR, P2.7 = 0, 且指向
                               通道 IN0
       MOV   R7, #08H         ;置通道个数
LOOP:  MOVX  @ DPTR, A        ;启动 A/D 转换
       MOV   R6, #0AH         ;软件延时,等待转换结束
DELAY: NOP
       NOP
       NOP
       DJNZ  R6, DELAY
       MOVX  A, @ DPTR        ;读取转换结果
       MOV   @ R1, A          ;存储转换结果
       INC   DPTR             ;指向下一个通道
       INC   R1               ;修改数据区指针
       DJNZ  R7, LOOP         ;8 个通道全采样完否? 未完则继续
       ……
```

2) 中断方式

ADC0809 与 MCS-51 单片机的中断方式接口电路只需要将图 8-11 所示的 EOC 引脚经过"反门"连接到 MCS-51 单片机的外中断输入引脚即可。

采用中断方式可大大节省单片机的时间。当转换结束时,发出 EOC 脉冲向单片机提出中断申请,单片机响应中断请求,由外部中断 1 的中断服务程序读 A/D 结果,并启动 ADC0809 的下一次转换,外部中断 1 采用跳沿触发方式。

参考程序如下:

```
INIT1: SETB  IT1              ;选择外部中断 1 为跳沿触发方式
       SETB  EA               ;总中断允许
       SETB  EX1              ;允许外部中断 1 中断
       MOV   DPTR, #7FF8H     ;端口地址送 DPTR
```

```
        MOV   A, #00H
        MOVX  @DPTR, A        ; 启动ADC0809对IN0通道转换
        ……                    ; 完成其他的工作
```

中断服务程序如下：

```
PINT1:  MOV   DPTR, #7FF8H    ; 读取结果送内部RAM30H
        MOVX  A, @DPTR
        MOV   30H, A
        MOV   A, #00H         ; 启动ADC0809对IN0的转换
        MOVX  @DPTR, A
        RETI
```

8.3.3 MCS-51与逐次比较型12位A/D转换器AD1674的接口

某些应用中，8位ADC常常不够，必须选择分辨率大于8位的芯片，如10位、12位、16位A/D转换器。由于10位、16位接口与12位类似，因此仅以常用的12位A/D转换器AD1674为例介绍。

1. AD1674简介

美国AD公司12位逐次比较型A/D转换器转换时间为10μs，单通道最大采集速率为100kHz。AD1674为28引脚双列直插式封装，其引脚如图8-12所示。

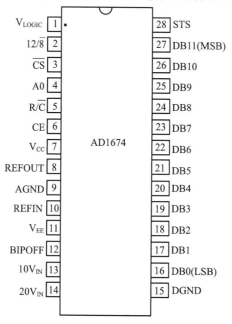

图8-12 AD1674的引脚

由于芯片内有三态输出缓冲电路,因而可直接与各种典型的8位或16位的单片机相连,AD1674片内集成有高精度的基准电压源和时钟电路,从而使该芯片在不需要任何外加电路和时钟信号的情况下完成A/D转换,使用非常方便。

AD1674是AD574A/674A的更新换代产品。它们的内部结构和外部应用特性基本相同,引脚功能与AD574A/674A完全兼容,可以直接替换AD574、AD674使用,但最大转换时间由25μs提高到10μs。与AD574A/674A相比,AD1674的内部结构更加紧凑,集成度更高,工作性能(尤其是高低温稳定性)更好,而且可以使设计板面积大大减小,因而可以降低成本并提高系统的可靠性。

目前,片内带有采样保持器的AD1674以其优良的性能价格比,取代了AD574A和AD674A。

AD1674共有6个控制引脚,功能如下:

$\overline{CS}$:芯片选择。$\overline{CS}=0$时,芯片被选中。

CE:片启动信号。当CE=1时,究竟是启动转换还是读取结果与R/$\overline{C}$有关,见表8-1。

R/$\overline{C}$:读出/转换控制信号。

12/$\overline{8}$:数据输出格式选择信号引脚。当12/$\overline{8}=1$时,12条数据线并行输出转换结果;当12/$\overline{8}=0$时,与A0配合,转换结果分两次输出,即只有高8位或低4位有效。注意:12/$\overline{8}$端与TTL电平不兼容,故只能直接接至+5V或0V上。

A0:字节选择控制。

在转换期间:当A0=0时,AD1674进行全12位转换。当A0=1时,仅进行8位转换。

在读出期间,与12/$\overline{8}=0$配合:当A0=0时,高8位数据有效;当A0=1时,低4位数据有效,中间4位为0,高4位为高阻态。当采用两次读出的12位数据遵循左对齐格式,如下所示:

结果的高8位	结果的低4位+4位尾0

AD1674的上述五个控制信号组合的真值表如表8-1。

STS:输出状态信号引脚。

转换开始时,STS为高电平,转换过程中保持高电平。转换完成时,为低电平。

STS可以作为状态信息被CPU查询,也可用它的下跳沿向单片机发出中断申请,通知单片机A/D转换已完成,可读取转换结果。

表 8-1 AD1674 控制信号真值表

CE	$\overline{CS}$	$R/\overline{C}$	$12/\overline{8}$	A0	操　作
0	×	×	×	×	无操作
×	1	×	×	×	无操作
1	0	0	×	0	启动 12 位转换
1	0	0	×	1	启动 8 位转换
1	0	1	+5V	×	允许 12 位并行输出
1	0	1	0V	0	高 8 位输出
1	0	1	0V	1	低 4 位 +4 位尾 0 输出

除上述六个控制引脚外，其他引脚的功能如下：

REFOUT：+10V 基准电压输出。

REFIN：基准电压输入。只有由此脚把从"REFOUT"脚输出的基准电压引入到 AD1674 内部的 12 位 DAC，才能进行正常的 A/D 转换。

BIPOFF：双极性补偿。对此引脚进行适当的连接，可实现单极性或双极性的输入。

$10V_{IN}$：10V 或 $-5\sim+5V$ 模拟信号输入端。

$20V_{IN}$：20V 或 $-10\sim+10V$ 模拟信号输入端。

DGND：数字地。各数字电路器件及"+5V"电源的地。

AGND：模拟地。各模拟电路器件及"+15V"、"-15V"电源地。

V_{CC}：正电源端，为 $+12\sim+15V$。

V_{EE}：负电源端，为 $-15\sim-12V$。

2. AD1674 的工作特性

AD1674 的工作状态由五个控制信号 CE、$\overline{CS}$、$R/\overline{C}$、$12/\overline{8}$ 和 A0 决定，见表 8-1。

由表 8-1 知：

(1) 当 CE=1，$\overline{CS}$=0 同时满足时，AD1674 才能处于工作状态。当 AD1674 处于工作状态，$R/\overline{C}$=0 时启动 A/D 转换；$R/\overline{C}$=1 时读出转换结果。

$12/\overline{8}$ 和 A0 端用来控制转换字长和数据格式。A0=0 时启动转换，按完整的 12 位 A/D 转换方式工作；A0=1 启动转换，则按 8 位 A/D 转换方式工作。

(2) 当 AD1674 处于数据读出工作状态（$R/\overline{C}$=1）时，A0 和 $12/\overline{8}$ 成为数据输出格式控制端。

(3) $12/\overline{8}$=1 时，对应 12 位并行输出。

(4) $12/\overline{8}$=0 时，则对应 8 位双字节输出。其中 A0=0 时输出高 8 位，

A0=1时输出低4位,并以4个0补足尾随的4位。注意,A0在转换结果数据输出期间不能变化。

如要求AD1674以独立方式工作,只要将CE、12/$\overline{8}$端接入+5V,$\overline{CS}$和A0接至0V,将R/$\overline{C}$作为数据读出和启动转换控制。R/$\overline{C}$=1时,数据输出端出现被转换后的数据;R/$\overline{C}$=0时,即启动一次A/D转换。在延时0.5μs后,STS=1表示转换正在进行。经过一个转换周期后,STS跳回低电平,表示A/D转换完毕,可读取新的转换数据。

注意,只有在CE=1且$\overline{CS}$=0时才启动转换,在启动信号有效前,R/$\overline{C}$必须为低电平,否则将产生读取数据的操作。

3. AD1674的单极性和双极性输入的电路

通过改变AD1674引脚8、10、12的外接电路,可使AD1674实现单极性输入和双极性输入模拟信号的转换。

1)单极性输入电路

图8-13(a)为单极性输入电路,可实现输入信号0~10V或0~20V的转换。当输入信号为0~10V时,应从10V$_{IN}$引脚输入(引脚13);输入信号为0~20V时,应从20V$_{IN}$引脚输入(引脚14)。输出的转换结果D的计算公式为

$$D = 4096 V_{IN}/V_{FS} \text{ 或 } V_{IN} = D \cdot V_{FS}/4096 \quad (8-2)$$

式中,V_{IN}为模拟输入电压;V_{FS}为满量程电压。

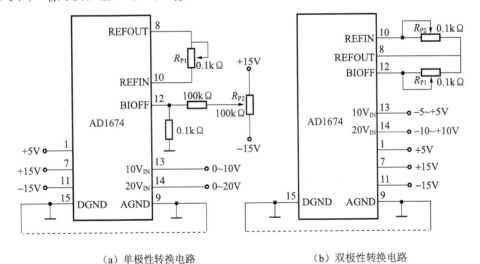

(a)单极性转换电路　　　　　　(b)双极性转换电路

图8-13　AD1674模拟输入电路的外部接法

若从10V$_{IN}$脚输入,V_{FS}=10V,LSB=10/4096≈24mV;若从20V$_{IN}$脚输入;V_{FS}=20V,1LSB=20/4096≈49mV。图中的电位器R_{P2}用于调零,即当V_{IN}=0时,输出数字量D为全0。单片机系统模拟信号的地线应与9脚AGND相连,使其地

线的接触电阻尽可能小。

2) 双极性输入电路

图 8-13 (b) 为双极性转换电路，可实现输入信号 $-10 \sim +10V$ 或 $0 \sim +20V$ 的转换。图中电位器 R_{P1} 用于调零。

双极性输入时，输出的转换结果 D 与模拟输入电压 V_{IN} 之间的关系为

$$D = 2048(1 + V_{IN}/V_{FS}) \quad 或 \quad V_{IN} = (D/2048 - 1)V_{FS}/2 \qquad (8-3)$$

式中，V_{FS} 为满量程电压。

式 (8-3) 求出的 D 为 12 位偏移二进制码，把 D 的最高位求反便得到补码。补码对应输入模拟量的符号和大小。同样，从 AD1674 读出的或代入到上式中的数字量 D 也是偏移二进制码。

例如，当模拟信号从 $10V_{IN}$ 引脚输入，则 $V_{FS} = 10V$，若读得 D = FFFH，即 111111111111B = 4095，代入式中，可求得 $V_{IN} = 4.9976V$。

4. MCS-51 单片机与 AD1674 的接口

图 8-14 为 AD1674 与 MC5-51 单片机的接口电路。由于 AD1674 片内含有高精度的基准电压源和时钟电路，从而使 AD1674 无需任何外加电路和时钟信号的情况下即可完成 A/D 转换，使用非常方便。

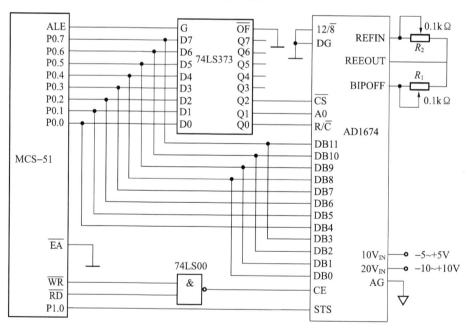

图 8-14　AD1674 与 MCS-51 单片机的接口电路

电路采用双极性输入接法，可对 $-5 \sim +5V$ 或 $-10 \sim +10V$ 模拟信号进行转换。转换结果的高 8 位从 DB11~DB4 输出，低 4 位从 DB3~DB0 输出，即 A0 = 0

时，读取结果的高 8 位；当 A0 = 1 时，读取结果的低 4 位。若遵循左对齐的原则，DB3 ~ DB0 应接单片机的 P0.7 ~ P0.4。

STS 引脚接单片机的 P1.0 引脚，采用查询方式读取转换结果。当单片机执行对外部数据存储器写指令，使 CE = 1，$\overline{CS}$ = 0，R/$\overline{C}$ = 0，A0 = 0 时，启动 A/D 转换。当单片机查询到 P1.0 引脚为低电平时，转换结束，单片机使 CE = 1，$\overline{CS}$ = 0，R/$\overline{C}$ = 1，A0 = 0，读取结果高 8 位；CE = 1，$\overline{CS}$ = 0，R/$\overline{C}$ = 1，A0 = 1，读取结果的低 4 位。

该接口电路完成一次 A/D 转换的查询方式的程序如下（高 8 位转换结果存入 R2 中，低 4 位存入 R3 中，遵循左对齐原则）：

```
AD1674: MOV    R0, 0F8H      ;端口地址送 R0
        MOVX   @R0, A        ;启动 AD1674 进行转换
        SETB   P1.0          ;置 P1.0 为输入
LOOP:   NOP
        JB     P1.0, LOOP    ;查询转换是否结束
        INC    R0            ;使 R/C = 1，准备读取结果
        MOVX   A, @R0        ;读取高 8 位转换结果
        MOV    R2, A         ;高 8 位转换结果存入 R2 中
        INC    R0            ;使 R/C = 1，A0 = 1
        INC    R0
        MOVX   A, @R0        ;读取低 4 位转换结果
        MOV    R3, A         ;低 4 位转换结果存入 R3 中
        ……
```

上述程序是按查询方式设计的，图 8 - 14 的 STS 引脚也可接单片机的外中断输入引脚，即采用中断方式读取转换结果。读者可自行编制采用中断方式读取转换结果的程序。

AD1674 接口电路全部连接完毕后，在模拟输入端输入一稳定的标准电压，启动 A/D 转换，12 位数据亦应稳定。如果变化较大，说明电路稳定性差，则要从电源及接地布线等方面查找原因。

AD1674 的电源电压要有较好的稳定性和较小的噪声，噪声大的电源会产生不稳定的输出代码，所以在设计印制电路板时，要注意电源去耦、布线以及地线的布置。这些问题对于位数较多的 ADC 与单片机接口，要给予重视。电源要有很好的滤波，还要避开高频噪声源。所有的电源引脚都要用去耦电容。对 + 5V 电源，去耦电容直接接在脚 1 和脚 15 之间；且 V_{CC} 和 V_{EE} 要通过电容耦合到脚 9，去耦电容是一个 4.7μF 的钽电容再并联一个 0.1μF 的陶瓷电容。

5. 更高分辨率的 A/D 转换器的选用

如果需要更高分辨率的 ADC，可采用 14 位的 A/D 转换器 AD7685 或 16 位的 A/D 转换器 AD7656。AD7656 是 6 通道、逐次逼近型 ADC，每通道可达 250KSPS 的采样率，可对模拟输入电压 -10～+10V 或 0～+20V 进行 A/D 转换。片内包含一个 2.5V 内部基准电压源和基准缓冲器。该器件仅有 160mW 的功耗，比同类的双极性输入 ADC 的功耗降低了 60%。

AD7656 包含一个低噪声、宽带采样保持放大器，以便处理输入频率高达 8MHz 的信号，还具有高速并行和串行接口，可以与各种微控制器或数字信号处理器（DSP）连接。在串行接口方式下，能提供一个菊花链连接方式，以便把多个 ADC 连接到一个串行接口上。AD7656 采用具有 ADI 公司专利技术的 iCMOS（工业 CMOS）工艺。iCMOS 器件能承受高电源电压，同时提高性能、显著降低功耗和缩小封装尺寸，所以非常适合在继电保护、电机控制等工业领域使用，有望成为电力继电保护的新一代产品。读者如对 AD7656 的应用感兴趣，可查阅相关的技术资料。

习题与思考题

1. D/A 与 A/D 转换器的主要功能是什么？
2. DAC0832 采用输入寄存器和 DAC 寄存器二级缓冲有何优点？
3. DAC0832 和 MCS-51 接口有哪几种工作方式？各有何特点？使用场合如何？
4. 试编写用 8031 单片机控制 DAC0832 产生阶梯波的程序。
5. 根据图 8-11 所示的接口电路，若要从该 A/D 转换器的通道 1 采集数据，每个 10ms 读入四个数据，并将数据存入地址为 40H～43H 的内部数据存储器中。试设计该程序。

项目八

A/D 转换实训

一、项目目标

【能力目标】

能够运用 ADC0809 芯片设计一个 A/D 转换电路,控制 LED。

【知识目标】

了解 A/D 转换器 ADC0809 的工作原理。

掌握 ADC0809 与 MCS-51 单片机的接口方法及 A/D 转换程序设计方法。

二、项目要求

编写程序,在模拟通道输入端 IN0 输入直流电压,进行 A/D 转换,并把转换后的数字量选通 74LS377 再经发光二极管指示,记录下直流电压在 1V、2V、3V、4V 和 5V 时的 A/D 转换结果。

三、硬件设计

实训线路如图 8-15 所示,IN0~IN7 为 8 路模拟量输入端,A、B、C 控制八个输入通道进行选择。Vout 为 0~+5V 模拟电压输出,可以连到 IN0~IN7 的任一端口。74LS74 组成分频电路,对 ALE 进行分频加到 CLK 端。EOC 为 A/D 转换结束标志,可作为转换结束中断请求信号。转换后的数字量经 74LS377 选通输出,再经过八个发光二极管指示,灯亮为 0,灯灭为 1。

四、软件设计

```
        ORG     00H
        AJMP    MAIN
        ORG     0013H
        AJMP    CINT            ;转中断服务程序
        ORG     0030H
MAIN:   MOV     P1,#0FFH
        SETB    EA              ;开 CPU 中断
```

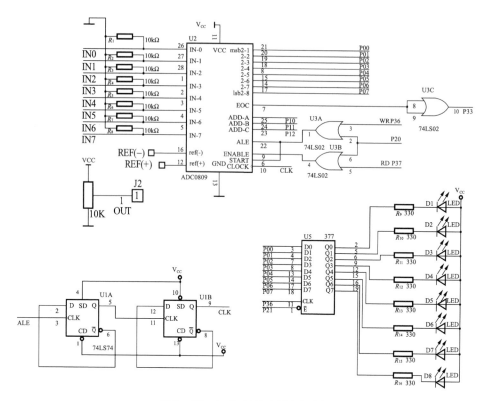

图 8-15 A/D 转换电路原理图

```
        SETB    EX1                 ;允许 INT1 中断
        SETB    IT1                 ;即 INT1 为边沿触发
        SJMP    $                   ;等待中断
CINT:   MOV     DPTR,#0FEFFH        ;端口地址送 DPTR
        MOV     P1,#00H             ;选择通道 IN0
        MOVX    @DPTR,A             ;启动转换
        MOVX    A,@DPTR             ;读取转换结果
        MOV     DPTR,#0FDFFH        ;输出端口地址送 DPTR
        MOVX    @DPTR,A             ;数字量通过74LS377输出
        MOV     DPTR,#0FEFFH
        MOVX    @DPTR,A             ;启动转换
        RETI
        END
```

五、项目实施

把 Vout 连接到 IN0，REF（＋）和 REF（－）为参考电压输入端，分别接到 +5V 和 GND，连上 40 芯排线，运行程序。

六、能力训练

在本项目中，ADC0809 模拟输入通道如果选择 IN7 作为模拟量的输入端口，则电路图与程序如何修改？

第 9 章

MCS–51 单片机的应用系统实例

MCS–51 系列单片机可以组成数据采集系统、各种工业实时控制系统、智能仪器仪表以及作为嵌入式系统中的微控制器而被广泛应用在各个方面。

9.1 压力、流速数据采集系统

在石油开采过程中,需要确切地了解油井内部的原油压力和流速,这对于有效地提高油井的产量有十分重要的意义。本系统可以随油井钻头深入井下,实地采集并存储第一手的压力和流速数据。返回地面后,把数据送入计算机内,为分析油井状况提供准确的原始资料。

9.1.1 设计目标

本系统使用 89C51 作为控制芯片,对来自压力及流速传感器的信号进行采集,并把采集到的数据存放在数据存储器中。系统可以工作在标定和实际测量两种工作状态下。标定状态是为了修正系统误差而在测量前进行一组标准压力和流速数据的测量。具有可与通用计算机连接的串行通信接口。在等待状态时,系统工作在低功耗方式。系统具有工作状态显示系统,可以显示标定、测量、通信、等待等不同的工作状态。

9.1.2 设计描述

为取得特定油井深度下的原油压力及流速数据,本系统的工作时序必须与钻头进入油井的时间和所到达的深度相符合。钻头进入油井后的确定时间内,系统处于等待状态;当钻头达到预定的深度以后,系统自动开启并开始采集第一次数据;随后进入等待状态,等待下一次的数据采集。这样的采集进行六次,然后系统便停止工作,处于低功耗状态;待钻头重新回到地面后,再与计算机连接,把采集到的数据输入计算机进行进一步的处理。

由于系统在工作前可以进行标定,所以处理后的数据能比较准确地反映油井内原油的压力和流速的真实情况。

由于系统处于地下高温的工作环境中,对于所有芯片的温度要求比较苛刻;

再者，受钻头尺寸大小的限制，需要整个系统小型化；系统一次工作时间可能长达八小时，仅靠小型电池供电，所以要求整个系统的功耗极低，选用89C51芯片，它丰富的 I/O 功能满足了系统的需要，其特有的低功耗工作方式用于系统的等待状态，可以极大地降低功耗。

系统总体框图如图9-1所示。

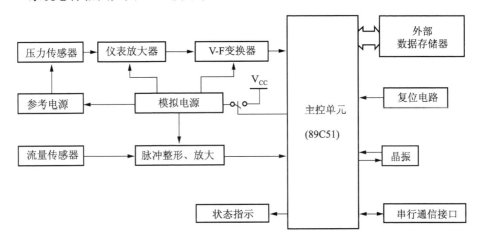

图 9-1 系统总体框图

9.1.3 硬件系统组成

压力、流速数据采集系统由主机板、信号电路板及通信接口板三部分组成。

1）主机板

主机板电路原理图如图9-2所示，包含单片机89C51（U1）、扩展外部数据存储器6264（U2）、工作状态指示单元、复位电路及晶振等。为了降低功耗，晶振的频率选得较低，为便于通信波特率的计算，晶振频率选3.686 411MHz。片外数据存储器6264为8 KB的随机存储器，用于存放采集的数据。

2）信号电路板

信号电路板电路原理图如图9-3所示。它通过插座W1与主机板连接，通过插座W与压力传感器相连，通过插座W′与流速传感器相连。信号电路板电路原理图包含压力信号调理电路、流速信号调理电路和模拟电源控制电路。

（1）压力信号调理电路。

压力信号调理电路又包含稳电源电路、仪表放大器、负电压发生电路及VF变换电路等。

①稳电源电路是为压力传感器桥路提供恒压源，由稳压管 Z（LM136）、电阻 R_3 及运放 U6:B（LM224）组成。运放 U6:B（LM224）的作用是增强驱动能力。

单片机应用技术

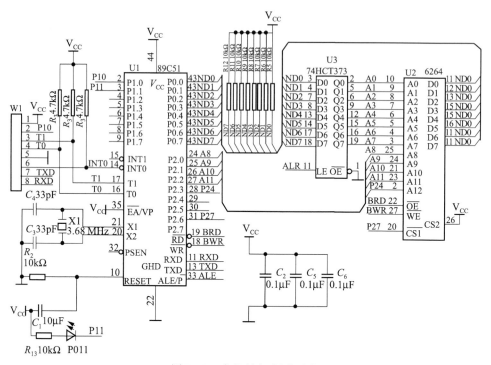

图 9-2 主机板电路原理图

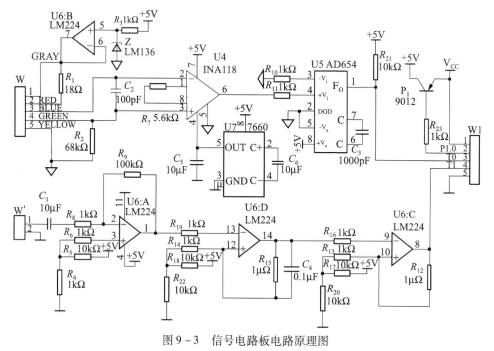

图 9-3 信号电路板电路原理图

② 负电压发生电路主要产生一个 -5V 的电压，为仪表放大器 U4（INA118）

提供负电源。电路由 U7 (7660) 和电容 C_5、C_6 组成。

③仪表放大器 U4 (INA118) 可将压力传感器桥路输出的毫伏 (mV) 级电压放大，以适应 VF 变换器 U5 (AD654) 的需要。电阻 R_7 是调节仪表放大器的放大倍数用的。

④VF 变换电路：由 VF 变换 U5 (AD654)、输入电阻 R_{10}、R_{11} 及电容 C_3 组成。输入信号的范围为 0~1V，频率输出范围在 0~100 kHz。频率输出信号输入单片机的 T0 端，用定时器/计数器 T0 来记录脉冲数，以与传感器感受的压力成比例关系。

(2) 流速信号调理电路。

由磁电式转速传感器输出的慢变信号经电容 C_1 隔直之后，先由运放 U6:A 放大，然后经运放 U6:C、U6:D 和相关的电阻、电容整形输出到单片机的 T1 端，用定时器/计数器 T1 来记录脉冲数，以与传感器转数成比例关系。

(3) 模拟电源控制电路。

为了降低整个系统的功耗，模拟电路的电源仅在采集压力信号和流速信号时才开通，而在其他时间是关闭的。电源开关由三极管 P_1 (9012) 担当，其基极由单片机的 P1.0 口线控制。

3) 通信接口板电路

通信接口板电路的原理图如图 9-4 所示。当系统从井下采集完数据回到地面或进行标定实验时，该板用插座 W1′与主机板上的 W1 连接。

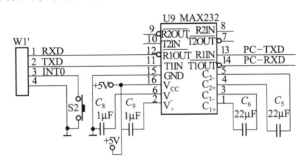

图 9-4 通信接口板电路原理图

通信接口板电路的用途有两点：一是系统与主机通信时，利用 U9 (MAX232) 进行接口电平的转换；二是按钮 S2 与单片机的外部中断 0 (INT0) 相接，既用做工作/标定选择开关，也作为通信中断申请开关。

当系统进行标定时，压下按钮 S2，接通系统电源，系统将开始运行标定程序；若不压下按钮 S2 接通电源，系统将开始运行工作程序。

在系统采集完标定数据或井下数据与 PC 机通信时，此时系处于休眠状态。压下按钮 S2，唤醒单片机，从而开始数据传送工作。

9.1.4. 软件的描述

1. 主程序

主程序的流程见图 9-5。由流程图可以看出，整个程序分为数据采集程序和流速标定程序两部分。系统上电或复位之后，经系统初始化，首先判断 P3.2（INT0）的状态：若为 1，转入数据采集程序；若为 0，则转入流速标定程序。

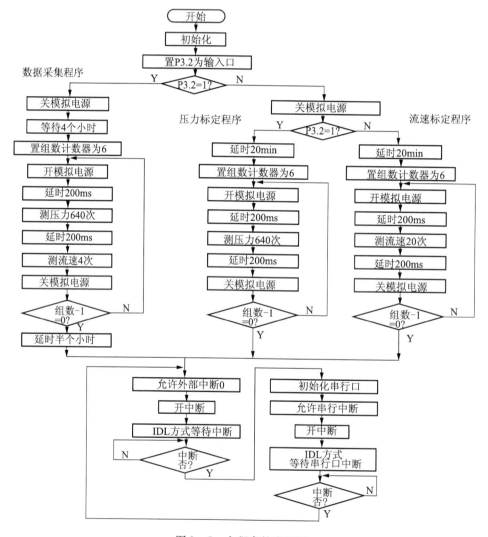

图 9-5 主程序的流程图

1) 数据采集程序

从数据采集的流程看，程序的执行可以分为四个阶段：等待数据采集、数据采集、采集结束等待返回及数据回放。

在等待数据采集阶段,系统处于低功耗的等待状态,主要是等待油井钻头深入地下,达到预定部位后再开始采集数据。计时采用定时器 T0,IDL 方式等待中断,时间约 4 个小时。时间达到 4 个小时后,系统进入数据采集阶段。本阶段共采集 6 组数据,每组数据约需 10min。完成 6 组数据采集后,系统进入采集结束等待返回阶段,等待钻头返回地面。到达地面之后,即可将系统与主机连接。压下 S2 键,向系统发出中断请求,系统结束 IDE 状态,转入数据回放阶段。

在数据回放阶段,系统首先处于等待串行口中断,等待主机将数据回收、存盘。至此就完成了一次数据采集任务。

2)标定程序

整个标定程序主要是为了修正系统误差而测定的一组标准压力和流速数据,据此计算出实际传感器的压力和流速系数,作为最后数据处理的依据。整个标定程序又分压力标定程序和流速标定程序两部分。标定的过程与数据采集的过程相似,只是起始的等待时间缩短为 20min,每组数据的采集间隔为 2min。

2. 子程序

1)压力数据采集子程序

设定定时器 T1 为定时方式,定时时间为 20ms。晶振为 3.686 411MHz 时,定时时间常数为 0E804H。同时设定定时器 T0 为计数方式,所计压力脉冲写入片外 RAM 中。

```
YALI:   MOV     TMOD, #15H      ; T1 为定时方式, T0 为计数方式
        MOV     TL0, #00H       ; 清计数器
        MOV     TH0, #00H
        MOV     TL1, #04H       ; 时间常数为 0E804H (3.686 411MHz)
        MOV     TH1, #0E8H
        ORL     IP, #08H        ; 定时器 T1 中断具有最高优先权
        SETB    TR0             ; 启动计数器
        SETB    TR1             ; 启动定时器
        SETB    ET1             ; 开定时中断
        SETB    EA              ; 开 CPU 中断
        ORL     PCON, #01H      ; IDL 方式等待定时中断
        CLR     TR0             ; 关闭计数器
        CLR     ET1             ; 关定时中断
        CLR     EA              ; 关 CPU 中断
        MOV     A, TH0          ; 存压力脉冲值, 高位在前
        MOVX    @DPTR, A
        INC     DPTR
```

```
        MOV     A, TL0
        MOVX    @DPTR, A
        INC     DPTR
        RET
```

2) 流速数据采集子程序

设定 T0 为定时器，定时时间为 100ms/次，采集时间为 6s（100ms/次 × 60 次）；设定 T1 为计数方式，所计流量脉冲写入片外 RAM 中。

```
LIU:    MOV     TMOD, #51H      ; T0 为定时方式，T1 为计数方式
        MOV     TMOD, #51H      ; 重复设定一次
        MOV     TL1, #00H
        MOV     TH1, #00H       ; 清计数器
        MOV     TL0, #14H       ; 定时时间为 100ms
        MOV     TH0, #88H       ; 时间常数为 8814H
                                  （3.686 411MHz）
        ORL     IP, #02H        ; 定时器 T0 中断具有最高优先权
        SETB    TR1             ; 启动计数器 T1
        SETB    TR0             ; 启动定时器 T0
        MOV     R2, #60         ; 延时 6s = 100ms/次 × 60 次
LIU1:   SETB    ET0             ; 开定时中断
        SETB    EA              ; 开 CPU 中断
        ORL     PCON, #01H      ; IDL 方式等待定时中断
        DJNZ    R2, LIU1
        CLR     TR1             ; 关闭计数器 T1
        CLR     TR0             ; 关闭定时器 T0
        MOV     A, TH1          ; 存流量脉冲值，高位在前
        MOVX    @DPTR, A
        INC     DPTR
        MOV     A, TL1
        MOVX    @DPTR, A
        INC     DPTR
        RET
```

3) 串行口设置和串行中断服务子程序

串行口设置 SM0（SCON.7）= 1，SM1（SCON.6）= 1，9 位，波特率可变，SM2（SCON.5）= 0，REN = 1 允许串行接收。

```
        MOV     SCON, #0D0H
        SETB    P3.0            ;置 P3.0 口为输入状态
        CLR     RI              ;清串行中断标志
        CLR     ET1             ;禁止定时器 T1 中断
        SETB    TR1             ;启动波特率发生器
        ORL     IP, #10H        ;串行通信中断具有最高优先权
        SETB    ES              ;开串行通信中断
        SETB    EA              ;开 CPU 中断
        CLR     P1.1            ;红灯亮,等待接收 PC 机的信号
        ORL     PCON, #01H      ;IDL 等待串行中断
        CLR     TR1             ;关波特率发生器
        CLR     ES              ;关串行中断
        CLR     EA              ;关 CPU 中断
        ……
SPINTI: AJMP    SPINT           ;串行中断服务子程序
SPINT:  CLR     RI
        CLR     RS1             ;指向 1 体寄存器
        SETB    RS0
        CLR     IE.7
SPLP:   MOV     R2, #3H         ;接收来自 PC 机的同步信号
        MOV     A, SBUF
SPLP0:  CJNE    A, #01H, SPRET  ;接收 3 个 01H
        ACALL   SPIN
        DJNZ    R2, SPLP0
        CJNE    A, #03H, SPRET  ;接收 1 个 03H
        ACALL   SPIN
        CJNE    A, #33H, SPLP2  ;若 PC 机发来 33H,表示将继续发出
                                 8 192 个
        MOV     DPTR, #0        ;数据指向数据区首地址
        MOV     R7, #20H
SPLP16: MOV     R6, #0
SPLP17: ACALL   SPIN
        MOVX    @DPTR, A
        INC     DPTR
```

```
        DJNZ    R6, SPLP17
        CPL     P1.1            ;每接收256个字节，红灯闪一次
        DJNZ    R7, SPLP16
        AJMP    SPRET
SPLP2:  CJNE    A, #55H, SPRET  ;若PC机发来55H，表示将由单片机
                                 发送数据
        MOV     R2, #0FFH
SPLP21: CLR     REN             ;清除接收状态，转入发送状态
        CLR     P3.0
        SETB    P3.1
        DJNZ    R2, SPLP21
        MOV     R2, #2          ;使发送处于空闲状态
        MOV     A, #0FFH
SPLP22: ACALL   SPOUT
        DJNZ    R2, SPLP22
        MOV     R2, #3          ;向PC机发送同步信号
        MOV     A, #01          ;发送3个01H
SPLP23: ACALL   SPOUT
        DJNZ    R2, SPLP23
        MOV     A, #03          ;发送03H
        ACALL   SPOUT
        MOV     DPTR, #0        ;指向数据区首地址
        MOV     R7, #20H        ;发送8192个数据
SPLP30: MOV     R6, #0
SPLP3:  MOVX    A, @DPTR
        ACALL   SPOUT
        INC     DPTR
        DJNZ    R6, SPLP3
        CPL     P1.1            ;每发送256个字节，红灯闪一次
        DJNZ    R7, SPLP30
SPRET:  CLR     RS0             ;恢复0体寄存器
        CLR     RS1
        RETI                    ;串行中断返回
        ORG     400H
SPIN:   JNB     RI, $           ;串行接收子程序
```

```
        CLR     RI
        MOV     A, SBUF
        MOV     C, P
        JNC     SPINL1
        JB      RB8, SPINE
SPINR:  CLR     C
        SJMP    SPINL2
SPINL1: JB      RB8, SPINR
SPINE:  SETB    C
SPINL2: RET
SPOUT:  MOV     C, P             ; 串行发送子程序
        CPL     C
        MOV     TB8, C
        MOV     SBUF, A
        JNB     TI, $
        CLR     TI
        MOV     R4, #10H
SPOUT1: NOP
        DJNZ    R4, SPOUT1
        RET
```

4) IDL 方式，延时等待子程序

IDL 方式，定时器 T0 定时中断，每 100ms 一次，晶振为 3.686 411MHz 时，定时时间常数为 8814H（34 836）。

```
IDLT0:  MOV     TMOD, #01H      ; T0 为定时方式
        MOV     TL0, #14H       ; 定时时间常数为 8814H
        MOV     TH0, #88H
        ORL     IP, #02H        ; 定时器 T0 中断具有最高优先权
        SETB    TR0             ; 启动定时器
        SETB    ET0             ; 开定时器 T0 中断
        SETB    EA              ; 开 CPU 中断
        ORL     PCON, #01H      ; IDL 方式等待定时中断
        RET
        ORG     000BH
IT0P:   MOV     TL0, #14H       ; T0 中断服务子程序
```

```
MOV    TH0，#88H           ;定时时间常数为8814H
CLR    ET0
CLR    EA
```

9.2 单片机控制的家用电加热锅炉电路

这里介绍一种单片机控制的家用电加热锅炉电路，它能够显示温度和时间，可根据家人起居习惯来设定运行和停止的时间间隔和次数，从而可以节约电能消耗。

9.2.1 工作原理

本电路设计是单片机系统的综合应用。它包含了 LCD 显示接口，键盘组成的人机交互接口，I^2C 总线接口的时钟芯片和 E2PROM 存储器芯片，单总线接口的温度传感器芯片和输出负载接口电路，工作原理如图 9-6 所示。

本电路采用 8 位单片机（U1：87C51）作为主控制芯片，晶振采用 12MHz。

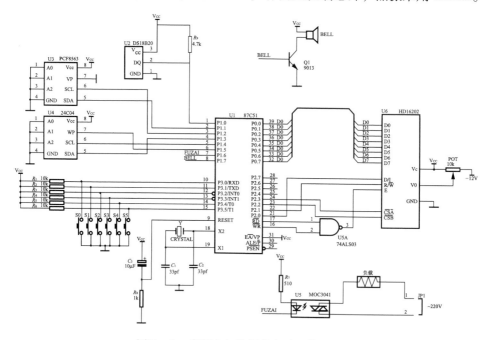

图 9-6　家用电加热锅炉电路工作原理图

1. LCD 显示接口

液晶显示屏的控制器为 HD16202，与单片机 87C51（U1）的接口如图 9-7 所示。

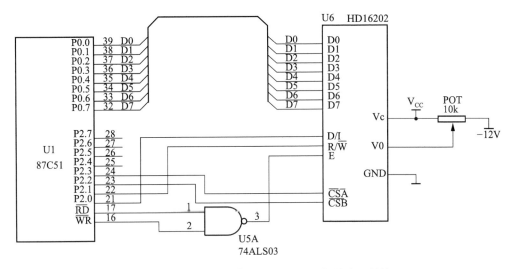

图 9-7 液晶显示屏的控制器 HD16202 与单片机的接口

单片机 87C51（U1）通过高位地址 A11（P2.3）控制 CSB，A10（P2.2）控制 CSA，以选通液晶显示屏上各区的控制器 HD16202；同时 8051 用地址 A9（P2.1）作为 R/W 信号控制总线的数据流向；用地址 A8（P2.0）作为 D/I 信号控制寄存器的选择；E（使能）信号由 87C51 的 P2.7 产生。这样就实现了单片机对内置 HD16202 图形液晶显示模块的电路连接。电位器用于显示对比度的调节。

液晶显示的第一、二位显示当前时间小时的十位、个位；第三、四位显示当前时间分钟的十位、个位；第五、六位显示当前温度的十位、个位（由于在大部分地区开水温度达不到 100℃，因而两位显示就足够了）。

2. 温度传感器的接口

DS18B20（U2）系列芯片是由美国 DALLAS 公司推出的一种单片集成温度传感器。它具有体积小、接口简单和使用方便等优点。采用单总线接口的数字温度计，测试温度为 -55~+125℃，精度可达 0.0675℃，最大转换时间为 200ms。

P1.0 口连接单总线温度传感器 DS18B20（U2），如图 9-8 所示。

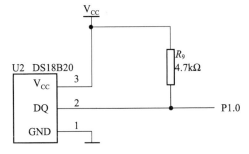

图 9-8 单片机与温度传感器的接口

3. 时钟芯片的接口

本装置主要是通过设置定时时刻表，由单片机查对当时的时间与时刻表是否相同，如果相同则控制负载工作，否则不输出。

本装置使用的时钟芯片为 PCF8563（U3），它是 PHILIPS 公司生产的低功耗 CMOS 时钟/日历芯片，芯片具有 I^2C 接口，其最大总线速度为 400Kbit/s，每次读写数据后，其内嵌的字地址寄存器会自动产生增量。

P1.1、P1.2 连接到时钟芯片（U3）PCF8563 的 SDA、SCL 接口，如图 9-9 所示。

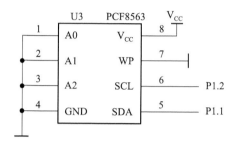

图 9-9　单片机与时钟芯片 PCF8563 的接口

4. 数据存储器的接口

数据存储器采用 24C04（U4），它是一种低功耗 CMOS 的 E2PROM 芯片，具有工作电压宽（2.5~5.5V）、擦写次数多（大于 10000 次）、写入速度快（小于 10MS）等特点。V_{CC} 为电源，V_{SS} 为接地端。SDA 为串行数据输入/输出，SCL 为串行时钟输入线，数据通过这条双向 I^2C 总线串行传送，WP 为写保护端。

P1.3、P1.4 连接到数据存储器 U4：24C04 的 SDA、SCL 接口，P1.5 接写保护端 WP，如图 9-10 所示。

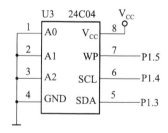

图 9-10　单片机与 E2PROM 芯片 2404 的接口

5. 功能键盘接口

P3.0~P3.5 为开关 S0、S1、S2、S3、S4 和 S5 输入端，接口电路如图 9-11 所示。图中，S0 为定时功能选择键；S1 为时间调整功能键；S2 为控制温度调整功能键;S3、S4 为时间和温度增量、减量调整键;S5 为功能退出键。

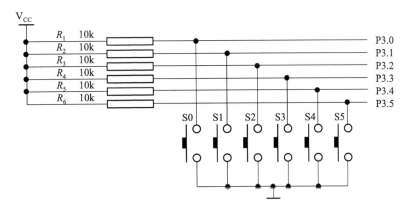

图 9-11　单片机与键盘的接口

6. 负载及报警电路

图 9-12 为负载电路,P1.6 口通过光耦 MOC3041（U3）输出负载控制信号。

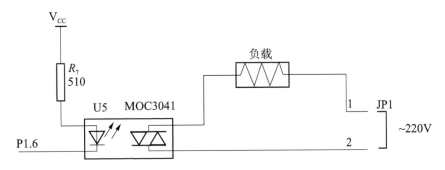

图 9-12　负载电路

图 9-13 为报警电路,P1.7 口输出报警信号。

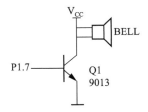

图 9-13　报警电路

9.2.2 电路工作过程

首先，通电后显示窗显示"00：00 ℃"表示机器处于待命状态。按 S1 功能键，显示窗显示小时的个位与十位，通过功能键 S3、S4 来设置当前的时间的小时位，第二次按 S1 键显示分钟的个位与十位，小时位显示窗关闭，通过功能键 S3、S4 来设置当前的时间的分钟位。按 S2 进入温度设置状态，时间显示窗关闭，温度窗显示并通过功能键 S3、S4 来设置温度的上限和下限值。按 S0 功能键来设置定时功能，首先会进入小时设置状态，按 S1 键，调 S3、S4 设置小时，再按 S1 键进入设置分钟状态，调 S3、S4 设置分钟，显示窗的第五、六位显示定时的序号。按 S5 退出设置调整状态，显示正常的时间和温度。

电路操作简单，可以 100 个定时时段点，在定时开启锅炉运行中，还受到设定温控的限制，并且在锅炉启动和停止时还会有轻轻的蜂鸣声和运行时有指示灯点亮。

9.2.3 软件设计

程序采用模块化、结构化设计，并采用了软件抗干扰技术，其软件的可靠性好，可维护性强，其程序模块有：

（1）主程序：主程序流程图见图 9-14。

（2）菜单（设置）程序：菜单程序完成同步时间设置和定时时间的设定。

（3）到点工作程序：到点工作程序控制输出工作方式。

（4）采样程序：采样程序中，有温度采样程序方式和时间输出，并检测是否达到定时时段，并作出处理。

（5）抗干扰出错程序：程序跑飞时能被陷阱捕获，被抗干扰程序处理，返回复位状态重新启动系统。

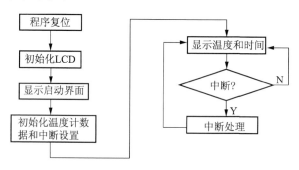

图 9-14 主程序流程图

9.2.4 程序代码

```c
#include <reg51.h>
#include <intrins.h>
#include <stdlib.h>
#define uchar unsigned char
#define uint unsigned int
#define    AddWr   0xa0      //E2PROM 24C04 器件地址选择及写标志
#define    AddRd   0xa1      //E2PROM 24C04 器件地址选择及读标志
sbit Sda = P1^3             //E2PROM 24C04 串行数据
sbit Scl = P1^4             //E2PROM 24C04 串行时钟
sbit WP = P1^5              //E2PROM 24C04 硬件写保护
sbit    TSOR = P1^0;        //DS18B20 温度传感器
#define    addWr   0xa2      //PCF8563 器件地址选择及写标志
#define    addRd   0xa3      //PCF8563 器件地址选择及读标志
sbit    sda = P1^1;         //PCF8563 串行数据
sbit    scl = P1^2;         //PCF8563 串行时钟
idata byte rom_sed [9];
idata byte rom_rec [7];
rom_sed [0] =0x00; rom_sed [1] =0x00;
rom_sed [2] =0x00; rom_sed [3] =0x55;
rom_sed [4] =0x23; rom_sed [5] =0x31;
rom_sed [6] =0x06; rom_sed [7] =0x92;
rom_sed [8] =0x99;
sbit    FUZAI = P1^6;       //负载输出
sbit    BELL = P1^7;        //报警输出
sbit    RS   = P2^7;        //LCD 控制
sbit    RW   = P2^1;
sbit    EN   = P2^5;
sbit    S0 = P3^0           //键盘
sbit    S1 = P3^1
sbit    S2 = P3^2
sbit    S3 = P3^3
sbit    S4 = P3^4
sbit    S5 = P3^5
```

```c
/*--------------------全局变量-------------------*/
static unsigned char  maxtemp1, maxtemp2;      //温度值的最大
                                                 值整数部分、
                                                 小数部分
static unsigned char mintemp1, mintemp2;       //温度值的最小
                                                 值整数部分、
                                                 小数部分
static unsigned char hour,   min,;              //小时,分钟
static unsigned char hourset str1 [ ];          //设定的小时数
static unsigned char minset str2 [ ];           //设定的分钟数
static unsigned char   countset;                //设定的定时次数
static char line0 [ ] = "    00:00       ";
static char line1 [ ] = "    .C      ";
/*------------------------------------------------*/
void   KeyboardDelay ();
/*-------------------------LCD 驱动函数-------------------------*/
void   DelayL ();
void   DelayS ();
void   WriteCommand (unsigned char c);
void   WriteData (unsigned char c);
void   ShowChar (unsigned char pos, unsigned char c);
void   ShowString (unsigned char line, char *ptr);
void   InitLcd ();
/*--------------时钟 PCF8563 函数--------------*/
void   PCF8563WriteRead ()
/*--------------温度传感器 DS18B20 驱动--------------*/
void   Delay15 ();
void   Delay60 ();
void   Delay100ms ();
void   Write0TS ();
void   Write1TS ();
bit    ReadTS ();
void   ResetTS ();
void   WriteByteTS (unsigned char byte);
unsigned char   ReadByteTS ();
```

```c
void    InitTS ();
void    GetTempTS ();
/* ------------------------------------------ */
void    KeyboardDelay ();
/* ----------------LCD 驱动函数---------------- */
void    DelayL ();
void    DelayS ();
void    WriteCommand (unsigned char c);
void    WriteData (unsigned char c);
void    ShowChar (unsigned char pos, unsigned char c);
void    ShowString (unsigned char line, char *ptr);
void    InitLcd ();
/* -------------------主程序------------------- */
void main (void) {
char code str1 [ ]   = "  Hello World!   ";
char code str2 [ ]   = "   2005 -5 -20   ";
unsigned char i;
countset = 0;
SP = 0x50;
TSOR = 1;                       //1 -wire 总线释放
DelayL ();
InitLcd ();                     // 初始化 LCD
DelayL ();
ShowString (0, str1);           // 启动画面
ShowString (1, str2);
for (i = 0; i < 15; i + +)
Delay100ms ();
InitInterupt ();                // 初始化中断设置
Hoursetstr1 [0] = 00;           // 缺省定时 00 小时
Minsetstr2 [0] = 00;            // 缺省定时 00 分钟
min = rom - rec [0]             // 初始化数据
Hour = rom - rec [1]
BELL = 0;
FUZAI = 0;
count = 0;
```

```
P1 = 0xFF;
InitTS ();                  //初始化温度计
while (1)                   //循环显示温度值
{
GetTempTS ();
line1 [0] = 0x20;
i = temp1;
if (I < max temp1 && i > min temp1)
FUZAI = 1;
line1 [1] = i/10 + 0x30;    //显示温度的十位
line1 [2] = i%10 + 0x30;    //显示个位
line1 [4] = temp2 + 0x30;   //显示小数位
ShowString (1, line1);
line0 [5] = hour/10 + 0x30; //显示时间
line0 [6] = hour%10 + 0x30;
line0 [8] = min/10 + 0x30;
line0 [9] = min%10 + 0x30;
ShowString (0, line0);
Delay100ms ();
}
}
line1 [1] = i/10 + 0x30;    //显示温度的十位
line1 [2] = i%10 + 0x30;    //显示个位
line1 [4] = temp2 + 0x30;   //显示小数位
```

习题与思考题

1. 单片机应用系统的设计有哪些要求？

2. 单片机应用系统的设计有哪些步骤？

3. 第一节所介绍的数据采集系统存储数据的数据存储器是否能采用别的形式？你觉得采用哪种形式为好？据此，能否画出相应的电路图来？

4. 本章所介绍的两个系统中都有通信电路，而且形式各有不同。试问这两种电路各自的特点是什么，都适用于什么场合？

5. 9.2 节所介绍的数据采集系统存储数据的数据存储器是否能采用别的形式？你觉得采用哪种形式为好？据此，能否画出相应的电路图来？

附　　录

80C51 单片机指令速查表

助记符		说明	字节数	执行时间（机器周期）	指令代码（机器代码）
\multicolumn{6}{c}{1. 数据传送类}					

助记符		说明	字节数	执行时间（机器周期）	指令代码（机器代码）
MOV	A, Rn	寄存器内容传送到累加器 A	1	1	E8H ~ EFH
MOV	A, direct	直接寻址字节传送到累加器	2	1	E5H, direct
MOV	A, @Ri	间接寻址 RAM 传送到累加器	1	1	E6H ~ E7H
MOV	A, #data	立即数传送到累加器	2	1	74H, data
MOV	Rn, A	累加器内容传送到寄存器	1	1	F8H ~ FFH
MOV	Rn, direct	直接寻址字节传送到寄存器	2	2	A8H ~ AFH, direct
MOV	Rn, #data	立即数传送到寄存器	2	1	78H ~ 7FH, data
MOV	direct, A	累加器内容传送到直接寻址字节	2	1	F5H, direct
MOV	direct, Rn	寄存器内容传送到直接寻址字节	2	2	88H ~ 8FH, direct
MOV	direct1, direct2	直接寻址字节 2 传送到直接寻址字节 1	3	2	85H, direct2, direct1
MOV	direct, @Ri	间接寻址 RAM 传送到直接寻址字节	2	2	8H ~ 87H, direct
MOV	direct, #data	立即数传送到直接寻址字节	3	2	75H, direct, data
MOV	@Ri, A	累加器传送到间接寻址 RAM	1	1	F6H ~ F7H
MOV	@Ri, direct	直接寻址字节传送到间接寻址 RAM	2	2	A6H ~ A7H, direct

续表

助记符		说明	字节数	执行时间 （机器周期）	指令代码 （机器代码）
1. 数据传送类					
MOV	@Ri, #data	立即数数传送到间接寻址 RAM	2	1	76H~77H, data
MOV	DPTR, #data16	16 位常数装入到数据指针	3	2	90H, dataH, dataL
MOVC	A, @A-DPTR	程序存储器代码字节传送到累加器	1	2	93H
MOVC	A, @A-PC	程序存储器代码字节传送到累加器	1	2	83H
MOVX	A, @Ri	外部 RAM（8 位地址）传送到 A	1	2	E2H~E3H
MOVX	A, @DPTR	外部 RAM（16 位地址）传送到 A	1	2	E0H
MOVX	@Ri, A	累加器传送到外部 RAM（8 位地址）	1	2	F2H~F3H
MOVX	@DPTR, A	累加器传送到外部 RAM（16 位地址）	1	2	F0H
PUSH	direct	直接寻址字节压入栈顶	2	2	C0H, direct
POP	diarect	栈顶字节弹到直接寻址字节	2	2	D0H, direct
XCH	A, Rn	寄存器和累加器交换	1	1	C8H~CFH
XCH	A, direct	直接寻址字节和累加器交换	2	1	C5H, direct
XCH	A, @Ri	间接寻址 RAM 和累加器交换	1	1	C6H~C7H
XCHD	A, @Ri	间接寻址 RAM 和累加器交换低半字节	1	1	D6H~D7H
SWAP	A	累加器内高低半字节交换	1	1	C4H
2. 算术运算类					
ADD	A, Rn	寄存器内容加到累加器	1	1	28H~2FH
ADD	A, direct	直接寻址字节内容加到累加器	2	1	25H, direct

续表

助记符		说明	字节数	执行时间（机器周期）	指令代码（机器代码）
2. 算术运算类					
ADD	A, @Ri	间接寻址 RAM 内容加到累加器	1	1	26H~27H
ADD	A, #data	立即数加到累加器	2	1	24H, data
ADDC	A, Rn	寄存器加到累加器（带进位）	1	1	38H~3FH
ADDC	A, direct	直接寻址字节加到累加器（带进位）	2	1	35H, direct
ADDC	A, @Ri	间接寻址 RAM 加到累加器（带进位）	1	1	36H~37H
ADDC	A, #data	立即数加到累加器（带进位）	2	1	34H, data
SUBB	A, Rn	累加器内容减去寄存器内容（带借位）	1	1	98H~9FH
SUBB	A, direct	累加器内容减去直接寻址字节（带借位）	2	1	95H, direct
SUBB	A, @Ri	累加器内容减去间接寻址 RAM（带借位）	1	1	96H~97H
SUBB	A, #data	累加器减去立即数（带借位）	2	1	94H, data
INC	A	累加器增1	1	1	04H
INC	Rn	寄存器增1	1	1	08H~0FH
INC	direct	直接寻址字节增1	2	1	05H, direct
INC	@Ri	间接寻址 RAM 增1	1	1	06H~07H
DEC	A	累加器减1	1	1	14H
DEC	Rn	寄存器减1	1	1	18H~1FH
DEC	direct	直接寻址字节减1	2	1	15H, direct
DEC	@Ri	间接寻址 RAM 减1	1	1	16H~17H

续表

助记符		说明	字节数	执行时间（机器周期）	指令代码（机器代码）
2. 算术运算类					
INC	DPTR	数据指针增1	1	2	A3H
MUL	AB	累加器和寄存器B相乘	1	4	A4H
DIV	AB	累加器除以寄存器B	1	4	84H
DA	A	累加器十进制调整	1	1	D4H
3. 逻辑操作类					
ANL	A, Rn	寄存器"逻辑与"到累加器	1	1	58H~5FH
ANL	A, direct	直接寻址字节"逻辑与"到累加器	2	1	55H, direct
ANL	A, @Ri	间接寻址RAM"逻辑与"到累加器	1	1	56H~57H
ANL	A, #data	立即数"逻辑与"到累加器	2	1	54H, data
ANL	direct, A	累加器"逻辑与"到直接寻址字节	2	1	52H, direct
ANL	direct, #data	立即数"逻辑与"到直接寻址字节	3	1	53H, direct, data
ORL	A, Rn	寄存器"逻辑或"到累加器	1	1	48H~4FH
ORL	A, direct	直接寻址字节"逻辑或"到累加器	2	1	45H, direct
ORL	A, @Ri	间接寻址RAM"逻辑或"到累加器	1	1	46H~47H
ORL	A, #data	立即数"逻辑或"到累加器	2	1	44H, data
ORL	direct, A	累加器"逻辑或"到直接寻址字节	2	2	42H, direct
ORL	direct, #data	立即数"逻辑或"到直接寻址字节	3	2	43H, direct, data
XRL	A, Rn	寄存器"逻辑异或"到累加器	1	1	68H~6FH

续表

助记符		说明	字节数	执行时间（机器周期）	指令代码（机器代码）
3. 逻辑操作类					
XRL	A，direct	直接寻址字节"逻辑异或"到累加器	2	1	65H，difect
XRL	A，@R*i*	间接寻址 RAM 字节"逻辑异或"到累加器	1	1	66H~67H
XRL	A，#data	立即数"逻辑异或"到累加器	2	1	64H，dataH
XRL	direct，A	累加器"逻辑异或"到直接寻址字节	2	1	62H，dired
XRL	direct，#data	立即数"逻辑异或"到直接寻址字节	3	2	63H，direct，data
CLR	A	累加器清零	1	1	E4H
CPL	A	累加器求反	1	1	F4H
RL	A	累加器循环左移	1	1	23H
RLC	A	经过进位标志位的累加器循环左移	1	1	33H
RR	A	累加器循环右移	1	1	03H
RRC	A	经过进位标志位的累加器循环右移	1	1	13H
4. 控制转移类					
ACALL	addrll	绝对调用子程序	2	2	a10a9a810001，addr（7~0）
LCALL	addr16	长调用子程序	3	2	12H，addr（15~8），addr（7~0）
RET		子程序返回	1	2	22H
RETI		中断返回	1	2	32H
AJMP	addr11	绝对转移	2	2	a10a9a800001，addr（7~0）
LJMP	addr16	长转移	3	2	02H，addr（15~8），addr（7~0）

续表

助记符		说明	字节数	执行时间（机器周期）	指令代码（机器代码）
4. 控制转移类					
SJMP	rel	短转移（相对偏移）	2	2	80H, rel
JMP	@A+DPTR	向 DPTR 的间接转移	1	2	73H
JZ	Rel	累加器为零则转移	2	2	60H, rel
JNZ	rel	累加器为非零则转移	2	2	70H, rel
CJNE	A, direct, rel	比较直接寻址字节和A，不相等则转移	3	2	B5H, direct, rel
CJNE	A, #data, rel	比较立即数和A，不相等则转移	3	2	B4H, data, rel
CJNE	Rn, #data, rel	比较立即数和寄存器，不相等则转移	3	2	B8H~BFH, data, rel
CJNE	@Ri, #data, rel	比较立即数和间接寻址RAM，不相等则转移	3	2	B6H~B7H, data, rel
DJNZ	Rn, rel	寄存器减1，不为零则转移	2	2	D8H~DFH, rel
DJNZ	direct, rel	地址字节减1，不为零则转移	3	2	D5H, direct, rel
NOP		空操作	1	1	00H
5. 位置操作类					
CLR	C	进位标志位清零	1	1	C3H
CLR	bit	直接寻址位清零	2	1	C2H, bit
SETB	C	进位标志位置"1"	1	1	D3H
SETB	bit	直接寻址位置"1"	2	1	D2H, bit
CPL	C	进位标志位取反	1	1	B3H
CPL	bit	直接寻址位取反	2	1	B2H, bit
ANL	C, bit	直接寻址位"逻辑与"到进位标志位	2	2	82H, bit
ANL	C, bit	直接寻址位的反码"逻辑与"到进位标志位	2	2	B0H, bit
ORL	C, bit	直接寻址位"逻辑或"到进位标志位	2	2	72H, bit

助记符		说明	字节数	执行时间（机器周期）	指令代码（机器代码）
5. 位置操作类					
ORL	C, bit	直接寻址位的反码"逻辑或"到进位标志位	2	2	A0H, bit
MOV	C, bit	直接寻址位传送到进位标志位	2	2	A2H, bit
MOV	bit, C	进位标志位传送到直接寻址标志位	2	2	92H, bit
JC	rel	进位标志位为1则转移	2	2	40H, rel
JNC	rei	进位标志位为零则转移	2	2	50H, rel
JB	bit, rel	直接寻址位为1则转移	3	2	20H, bit, rel
JNB	bit, rel	直接寻址位为零则转移	3	2	30H, bit, rel
JBC	bit, rel	直接寻址位为1则转移，并清除该位	3	2	10H, bit, rel

参 考 文 献

[1] 白林峰，李国厚. 单片机原理及应用设计［M］. 北京：化学工业出版社，2009.
[2] 郭天祥. 51单片机语言教程［M］. 北京：电子工业出版社，2012.
[3] 李全力. 单片机原理及应用技术［M］. 北京：高等教育出版社，2009.
[4] 耿长清. 单片机应用技术［M］. 北京：化学工业出版社，2008.
[5] 徐玮，沈建良. 单片机快速入门［M］. 北京：北京航空航天大学出版社，2008.
[6] 张玲玲，李景福，俞良英，等. 单片机项目式教程［M］. 天津：天津大学出版社，2011.